装配式建筑安全施工教程

主　编　肖明和　李静文　张翠华
副主编　徐鹏飞　齐高林　张培明
　　　　王婷婷（大）
参　编　王婷婷（小）　丁振铎　周忠忍
　　　　马泽名

北京理工大学出版社
BEIJING INSTITUTE OF TECHNOLOGY PRESS

内 容 提 要

本书根据我国现行安全管理相关规范、标准编写而成。除绪论外，共包括3个项目（25个任务）。主要内容包括：绪论；项目1建筑施工安全体验，包括劳动防护用品佩戴体验、人行马道体验、安全防护栏杆倾倒体验、灭火器演示体验、综合用电体验、安全帽冲击体验、洞口坠落体验、安全带使用体验、垂直爬梯倾倒体验、移动式操作架倾倒体验、吊运作业体验、挡土墙坍塌体验、平衡木行走体验、人字梯倾倒体验、急救演示体验等15个任务；项目2装配式建筑施工体验，包括构件吊装控制体验、构件连接控制体验、预制构件运输与堆放控制体验、装配式建筑一站式体验等4个任务；项目3事故案例，包括劳动防护用品事故案例、高处作业事故案例、施工机械作业事故案例、临时用电事故案例、火灾事故案例、施工坍塌事故案例等6个任务。

本书可作为高等院校装配式建筑工程技术、建筑工程技术、智能建造技术、建设工程管理及相关专业的体验式教育用书，也可作为中职院校、培训机构以及土木工程类生产和施工企业工程技术人员的教育（培训）用书。

图书在版编目（CIP）数据

装配式建筑安全施工教程 / 肖明和，李静文，张翠华主编 .-- 北京：北京理工大学出版社，2021.10

ISBN 978-7-5763-0574-6

Ⅰ.①装…　Ⅱ.①肖…②李…③张…　Ⅲ.①装配式构件－建筑施工－安全技术－教材　Ⅳ.①TU7

中国版本图书馆CIP数据核字（2021）第216244号

出版发行 / 北京理工大学出版社有限责任公司
社　　址 / 北京市海淀区中关村南大街5号
邮　　编 / 100081
电　　话 / （010）68914775（总编室）
（010）82562903（教材售后服务热线）
（010）68944723（其他图书服务热线）
网　　址 / http://www.bitpress.com.cn
经　　销 / 全国各地新华书店
印　　刷 / 河北鑫彩博图印刷有限公司
开　　本 / 787毫米×1092毫米　1/16
印　　张 / 11.5
字　　数 / 230千字
版　　次 / 2021年10月第1版　2021年10月第1次印刷
定　　价 / 65.00元

责任编辑 / 钟　博
文案编辑 / 钟　博
责任校对 / 周瑞红
责任印制 / 边心超

FOREWORD 前言

随着我国职业教育的快速发展、体系建设的稳步推进，国家对职业教育越来越重视，同时，随着建筑产业转型升级，“安全生产、教育先行”，提高建筑企业从业人员安全素质和安全监管监察效能，防止和减少违章指挥、违规作业和违反劳动纪律（简称“三违”）行为，不仅是各施工企业的重要职责，也是各建设类从业人员培养培训机构（土建类高职院校）应承担的重点工作。为此，本书编写组深入企业一线，结合企业建筑施工安全和装配式建筑发展趋势，重新调整了装配式建筑工程技术、建筑工程技术等专业的人才培养定位，融入建筑施工安全和装配式建筑施工内容，使岗位标准与培养（培训）目标、生产过程与教学（培训）过程、工作内容与教学（培训）项目对接，实现“近距离顶岗、零距离上岗”的培养（培训）目标。

本书根据高等职业院校土木建筑大类专业的人才培养目标、教学计划、装配式建筑安全施工教程的教学特点和要求，按照国家、省颁布的有关新规范、新标准编写而成。本书共分四部分，主要内容包括劳动防护用品佩戴体验、人行马道体验等 19 类体验式教育项目和劳动防护用品事故案例、高处作业事故案例等 6 类事故案例，以任务体验式教育的方式加强实践技能的培养，按照装配式建筑安全与施工的主要体验教育项目，以“项目—任务”方式组织教材内容的编写，把“案例教学法”“做中学、做中教”的思想贯穿整个教材编写的过程，具有“实用性、系统性和先进性”的特色。

本书由济南工程职业技术学院肖明和、李静文、张翠华主编，山东天齐置业集团徐鹏飞、济南工程职业技术学院齐高林、张培明、王婷婷（大）任副主编，王婷婷（小）、丁振铎、山东新之筑信息科技有限公司周忠忍、山东天齐置业集团马泽名参与编写。根据不同专业需求，本课程建议安排 16 ~ 24 学时。

本书在编写过程中参考了国内外同类教材和相关的资料，在此一并向原作者表示感谢，并对为本书付出辛勤劳动的编辑同志们及山东新之筑信息科技有限公司提供的技术支持表示衷心的感谢！由于编者水平有限，书中难免存在不足之处，敬请广大读者批评指正（联系 E-mail：1159325168@qq.com）。

编　者

CONTENTS 目录

绪　论 ······ 1

项目1 建筑施工安全体验 ······ 12

任务1.1　劳动防护用品佩戴体验 ······ 12
任务1.2　人行马道体验 ······ 26
任务1.3　安全防护栏杆倾倒体验 ······ 28
任务1.4　灭火器演示体验 ······ 30
任务1.5　综合用电体验 ······ 37
任务1.6　安全帽冲击体验 ······ 41
任务1.7　洞口坠落体验 ······ 46
任务1.8　安全带使用体验 ······ 50
任务1.9　垂直爬梯倾倒体验 ······ 56
任务1.10　移动式操作架倾倒体验 ······ 59
任务1.11　吊运作业体验 ······ 63
任务1.12　挡土墙坍塌体验 ······ 71
任务1.13　平衡木行走体验 ······ 75
任务1.14　人字梯倾倒体验 ······ 78
任务1.15　急救演示体验 ······ 80

项目2 装配式建筑施工体验 ······ 86

任务2.1　构件吊装控制体验 ······ 86
任务2.2　构件连接控制体验 ······ 105
任务2.3　预制构件运输与堆放控制体验 ······ 117
任务2.4　装配式建筑一站式体验 ······ 135

项目3 事故案例 ······ 152

任务3.1　劳动防护用品事故案例 ······ 152

CONTENTS

任务 3.2　高处作业事故案例 …………………………… 155
任务 3.3　施工机械作业事故案例 ……………………… 160
任务 3.4　临时用电事故案例 …………………………… 164
任务 3.5　火灾事故案例 ………………………………… 168
任务 3.6　施工坍塌事故案例 …………………………… 171

参考文献 ………………………………………………………………… 178

绪　论

0.1　体验式教育的发展现状

1．开展体验式教育背景

为提高企业从业人员安全素质和安全监管监察效能，防止和减少违章指挥、违规作业和违反劳动纪律（简称“三违”）行为，国务院安委会印发了《国务院安委会关于进一步加强安全培训工作的决定》（安委〔2012〕10号）。山东省人民政府安全生产委员会印发了《关于进一步加强企业全员安全生产培训工作的意见》（鲁安发〔2017〕24号），山东省住房和城乡建设厅印发了《关于加快推进建筑施工安全和装配式建筑施工体验式教育基地试点工作的通知》（鲁建质安字〔2018〕10号），文件明确要求：

（1）培训目标。建筑施工企业的主要负责人、安全管理人员和特种作业人员（简称“三项岗位”人员）持证率达到100%；其他从业人员安全培训和考试覆盖率达到100%。结合企业风险分级管控和隐患排查治理两个体系建设（简称“两个体系”建设），实施全员安全培训工程，保证安全培训投入，提高安全培训质量保障水平，强化从业人员现场培训和实际操作培训，统一考试标准，强化安全培训绩效考核，确保企业所有从业人员全面了解和掌握本岗位风险与相关控制措施，切实提高从业人员的安全素质和技能。

（2）落实先培训后上岗制度。建筑施工企业要对新员工进行至少32学时的安全培训，每年进行至少20学时的再培训；企业要建立完善师傅带徒弟制度，高危企业新员工除按照规定进行安全培训外，还应当在有经验的工人师傅带领下实习至少2个月后方可独立上岗。企业要组织签订师徒协议，建立师傅带徒弟激励约束机制。企业调整员工岗位或采用新工艺、新技术、新设备、新材料的，要进行专门的安全培训。

（3）强化现场安全培训。结合企业“两个体系”建设，突出企业危险岗位、关键环节、一线员工的现场安全培训，特别是建筑施工等高危企业应从严培训考核。有限空间作业、检修维修作业、动火作业、危险物品装卸作业、现场救护等高危作业从业人员要严格培训、演练和考核。严格班前安全培训制度，有针对性地讲述岗位风险管控措施和应急救援知识等，使班前安全培训成为安全生产的第一道防线。要大力推广“手指口述”等安全确认法，帮助员工通过心想、眼看、手指、口述，确保按规程作业。加强班组长培训，全面提高班组长现场安全管理水平和现场安全风险管控能力。

2．体验式教育基地的设置模式

经过几年的发展，建筑施工安全和装配式建筑施工体验式教育培训基地的设置模式主要有以下三种：

（1）建筑施工企业集中设置体验式教育培训基地。该种模式主要适用于大型建筑施工企业，除满足为所属各企业和工程项目服务外，还可以按照市场需求，面向社会为中小企业提供服务。这种服务应按照平等协商、自愿选择的原则，签订服务协议书，明确双方的责权利等事项。

（2）建筑施工企业在工地上设置体验式教育培训基地。该种模式主要适用大型工程项目，由于大型工程项目施工场地相对宽敞、建设资金相对宽裕，可以根据自身工程特点和施工需求有针对性地设置体验项目。但对中小型工程项目就不宜强求都设置体验式教育培训基地，这是因为按照现行的安全文明措施费规定，无法全部考虑此专项费用，如果要求所有的工程项目都设置体验式教育培训基地，则取费标准明显不足，在实践中难以实现。

（3）政府主管部门组织建立或确定面向行业企业服务的体验式教育培训基地。该种模式是针对有条件的城市，从当地实际出发，由政府主管部门或委托大型施工企业、学校等建立体验式教育培训基地，为没有能力或条件建立体验式教育培训基地的企业提供服务，由企业自主选择并签订服务协议书。

3．体验式教育基地实施案例

例如，××市住房和城乡建设局公布了《××市建设系统体验式安全培训基地明细表》，要求各施工企业要高度重视体验式安全培训的推广工作，采取有效措施，积极推广和开展体验式安全培训教育，将体验式安全培训教育作为一项重要内容纳入企业安全生产教育培训制度，并列入年度教育培训计划，每月将组织培训情况上报所在区县住建部门。各施工企业按照就近及双方自愿原则，在公布的体验式教育培训基地中选择，双方协商体验时间，组织相关从业人员开展体验式安全培训，体验费用由双方协商确定。安全培训基地产权（管理）单位要组织相关单位或专业人员对体验设备、设施进行检测、验收，合格后方可投入使用，在使用过程中，产权（管理）单位应加强对体验设备、设施的日常检查和维护保养，确保体验人员的安全。体验前，产权（管理）单位应对体验人员进行身份核对，并进行安全交底，说明体验过程中的相关安全注意事项，并与参加培训的单位签订安全协议，明确双方的责任，因体验人员不服从安排、不遵守安全及注意事项等原因造成伤害的，产权（管理）单位不承担相应责任。各区县住建部门应至少明确一个体验式安全培训基地作为本区定点安全体验培训基地，并在开展日常监督检查中，将体验式培训教育情况作为一项重要检查内容，加大执法检查力度。每年年底前，市住房和城乡建设局对各施工单位本年度组织开展体验式安全培训教育情况进行调度统计，并将其纳入安全生产许可证动态考核和信用评价体系，对年内组织培训人次达到一定规模的施工企业进行通报表扬，对未组织开展培训的施工企业进行通报批评，并分别按照信用评价管理办法予以加分或扣分处理。

又如济南工程职业技术学院按照山东省住房和城乡建设厅要求建设了省级建筑施工安全和装配式建筑施工体验式教育培训基地。

（1）建筑施工安全体验式教育培训内容包括洞口坠落、墙体坍塌、综合（安全）用电、移动式操作架（脚手架）倾倒、平衡木、临边防护、安全帽冲击、劳动防护用品穿戴、人行（安全）马道、灭火器演示、现场急救、安全带使用、人字梯倾倒、钢丝绳绑扎、电梯超载、吊运作业体验、安全装备展示、门禁系统等 29 种体验项目，如图 0-1、图 0-2 所示。

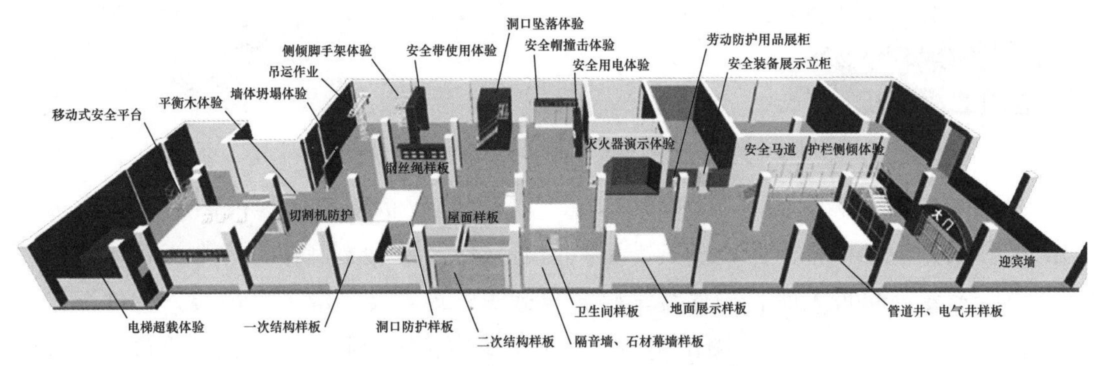

图 0-1　建筑安全体验培训基地示意

图 0-2　建筑安全体验基地部分体验项目展示

（2）装配式建筑施工体验式教育内容包括装配式建筑一站式体验馆、装配式建筑虚拟仿真案例培训中心、装配式建筑吊装培训基地、VR 体验中心。

①装配式建筑一站式体验馆。装配式建筑一站式体验馆内容涵盖装配式建筑文化展区、装配式建筑构件展示区、工厂构件模拟生产区、现场装配模拟施工区和深化设计区，如图 0-3 所示。

图 0-3 装配式建筑一站式体验馆示意

②装配式建筑虚拟仿真案例培训中心。装配式建筑虚拟仿真案例培训中心可实现原材料预算、原材料检验、模具准备、钢筋操作、混凝土制作、构件浇筑、拉毛收光、构件蒸养、起板入库、构件装车码放与运输、现场装配准备与吊装、构件灌浆、现浇连接、质检与维护 14 个岗位实训。学员可单岗位、单技能点实训，也可全岗位、全技能点综合实训，如图 0-4 所示。

图 0-4 装配式建筑虚拟仿真案例培训中心示意

③装配式建筑吊装培训基地。装配式建筑吊装培训基地内容涵盖钢框架外挂墙板结构、混凝土框架外挂墙板结构、高层预制剪力墙结构、多层预制剪力墙结构及预制柱和

预制剪力墙的套筒灌浆。其可实现主要结构体系及连接技术讲解，部件运输、堆放等施工组织模拟，同时，利用塔式起重机实现4种结构的常见构件（墙板、楼板、楼梯板等）的反复拆装实训，可实时开展校内学生及企业员工的岗位技能培训，如图 0-5 所示。

图 0-5　装配式建筑吊装培训基地示意

④ VR 体验中心。VR 体验中心作为直接观看、学习、体验安全设施的场所，三维实体体验场馆还原真实的安全体验项目，与 VR 可穿戴沉浸设备连接，让操作人员身临其境，亲身体验每一项体验项目，通过操作演示不规范、不安全、不正确时带来的不安全后果及影响，亲身感受危险发生过程。其目的是通过亲身的体验总结不安全的经验教训，提高施工管理人员的安全管理意识，如图 0-6 所示。

图 0-6　VR 体验中心示意

0.2 体验式教育的意义

1．建筑施工安全体验式教育的意义

在许多安全事故发生过程中，人是引发事故的主要因素，人的不安全行为和物的不安全状态的组合导致了事故的发生，而物的不安全状态，往往也是人为造成的。建筑施工体验式安全培训要求以直接操作者为中心，通过实践与反思相结合来获得知识、技能和学习态度，强调在掌握技能和知识的过程中不仅能知道、能行动，而且要求能从深刻的反思中获得经验的提升，使从业人员熟练掌握操作技能，确保安全生产，防止生产安全事故的发生。

2．装配式建筑施工体验式教育的意义

在国家大力发展装配式建筑的政策背景下，装配式建筑已广泛应用于工业与民用建筑领域，但目前存在工人装配式施工技能水平较低、对装配式建筑施工认识浅显、无法与实际需求相匹配的现象。为进一步提升一线施工人员技能水平，满足行业发展需求，装配式建筑技能培训迫在眉睫。装配式建筑施工体验培训就是从实际体验出发，让受训人员能够直观地了解装配式建筑构件生产、装配施工的各项技能要求，从体验中不断获得经验的提升，使从业人员能够熟练掌握装配式建筑构件生产、装配施工等技能，满足施工技能提升需求。

0.3 体验式教育项目简介

体验式教育项目包括建筑施工安全体验、装配式建筑施工体验、事故案例等。其中，建筑施工安全体验包括劳动防护用品穿戴体验、人行马道体验、防护安全栏杆倾倒体验、灭火器演示体验、综合用电体验、安全帽冲击体验、洞口坠落体验、安全带使用体验、垂直爬梯倾倒体验、移动式操作架倾倒体验、吊运作业体验、挡土墙坍塌体验、平衡木行走体验、人字梯倾倒体验、急救演示体验 15 个体验项目；装配式建筑施工体验包括装配式建筑构件吊装控制体验、构件连接控制体验、预制构件运输与堆放控制体验、装配式建筑一站式体验 4 个体验项目；事故案例包括劳动防护用品事故案例、高处作业事故案例、施工机械作业事故案例、临时用电事故案例、火灾事故案例、施工坍塌事故案例 6 个事故案例。

0.4 体验式教育的基本要求

0.4.1 安全生产基本知识

1．安全生产工作方针

《中华人民共和国安全生产法》明确规定，安全生产应当以人为本，坚持“安全第一，预防为主，综合治理”的方针。建立政府领导、部门监管、单位负责、群众参与、社会监督的工作机制。这是党和国家对安全生产工作的总体要求，企业和从业人

员在劳动生产过程中必须严格遵循这一基本方针。“安全第一”说明和强调了安全的重要性。人的生命是至高无上的，每个人的生命只有一次，要珍惜生命、爱护生命、保护生命。事故意味着对生命的摧残与毁灭，因此，在生产活动中，应把保护生命安全放在第一位，坚持最优先考虑人的生命安全。“预防为主”是指安全工作的重点应放在预防事故的发生上。“综合治理”是指要自觉遵循安全生产规律，抓住安全生产工作中的主要矛盾和关键环节。

2．三级安全教育

三级安全教育是指公司、项目经理部、施工班组三个层次的安全教育。公司教育内容包括国家和地方有关安全生产的方针、政策、法规、标准、规范、规程和企业的安全规章制度等；项目经理部教育内容包括工地安全制度、施工现场环境、工程施工特点及可能存在的不安全因素等；施工班组教育内容包括本工种的安全操作规程、事故安全剖析、劳动纪律和岗位讲座等。

3．三类人员

建筑施工企业三类人员（简称“三类人员”）是指建筑施工企业主要负责人、项目负责人和专职安全生产管理人员。建筑施工企业主要负责人，是指对本企业日常生产经营活动和安全生产工作全面负责、有生产经营决策权的人员，包括企业法定代表人、经理、企业分管安全生产工作的副经理等；建筑施工企业项目负责人，是指由企业法定代表人授权，负责建设工程项目管理的负责人等；建筑施工企业专职安全生产管理人员，是指在企业专职从事安全生产管理工作的人员，包括企业安全生产管理机构的负责人及其工作人员和施工现场专职安全生产管理人员。“三类人员”在同一单位内（不包括法人）可同时兼任建筑施工企业负责人、项目负责人和专职安全生产管理人员中两个及两个以上岗位的，必须取得另一岗位的安全生产考核合格证书后，方可上岗。

4．安全标志

施工现场安全标志包括禁止标志、指令标志、警告标志、提示标志等，如图 0–7 所示。

(a)

图 0–7　安全标志示意

（a）禁止标志

(b)

当心火灾

当心伤手

(c)

请保持安静
Keep Silence

(d)

图 0-7　安全标志示意（续）

（b）指令标志；（c）警告标志；（d）提示标志

5．安全生产管理“四全”原则

安全生产管理“四全”原则就是全员、全方位、全过程、全天候。

（1）全员。全体员工参与，自觉接受再教育，不断提高安全意识和安全知识，做到“四不伤害”（不伤害自己、不伤害别人、不被别人伤害和保护他人不被伤害）。

（2）全方位。实行全方位安全管理，使所有进入区域的人员了解和关注相关的安全警示、警告标志、消防安全设施的配置及逃生路线等。

（3）全过程。从进料、生产直至产品出货实行全过程监管，严格按制度进行管理。定期检查、做好台账，进货、出货均应有记录。

（4）全天候。无论什么天气，安全管理始终不能放松。譬如门卫 24 小时有人值班，运行 24 小时有人监管，第一责任人和安全主管应急电话 24 小时开机等。

6. 三宝、四口、五临边

（1）“三宝”是指建筑施工防护使用的安全网、个人防护佩戴的安全帽和安全带。要坚持正确使用佩戴，它们可避免发生操作人员的伤亡事故，因此称为“三宝”。

（2）“四口”是指建筑施工的楼梯口、通道口、电梯口、预留洞口。

①楼梯口和通道口：楼梯栏杆应随层安装，如果后安装，必须要采用两道钢管防护。

②电梯口：采用 1.2 m 高的钢制门或用钢管防护，电梯井内首层和首层以上每隔 4 步（两层）并最多隔 10 m 设置一道水平安全网。

③预留洞口：洞口长（宽）尺寸为 250 ～ 500 mm，用钢丝网或盖板固定封死；洞口尺寸为 500 ～ 1 500 mm，用钢筋网封死；洞口尺寸为 1 500 mm 以上的，四周设防护栏杆，中间挂平网。

（3）“五临边”是指深度超过 2 m 的槽、坑、沟的周边；无外脚手架的屋面与楼层的周边；各施工层楼梯口的梯段边；井字架、龙门架、外用电梯和脚手架与建筑物的通道和上下跑道、斜道的周边；尚未安装栏杆或栏板的阳台、料台、挑平台的周边。临边的防护措施一般是在临边处设置 1.2 m 高的防护栏杆及挡脚板。

7. 三不违、四不伤害、四不放过

（1）“三不违”是指不违章指挥、不违章操作、不违反劳动纪律。据统计 70% 以上的事故都是由“三违”造成的，所以必须杜绝“三违”，以减少和预防事故的发生，保障劳动者的合法权益和生命安全。

（2）“四不伤害”是指不伤害自己、不伤害他人、不被他人伤害、保护他人不被伤害。开展“四不伤害”活动的核心和目的，是强化员工的自我保护意识，提高职工的自我保护能力。

（3）“四不放过”是指在调查处理工伤事故时，必须坚持事故原因分析不清不放过；员工及事故责任人受不到教育不放过；事故隐患不整改不放过；事故责任人不处理不放过。

8. 建设工程安全生产“三同时”原则

《中华人民共和国安全生产法》规定了生产经营单位在新建、改建、扩建工程中安全设施必须坚持“三同时”的原则。所谓“三同时”，即建设项目的安全设施，必须与主体工程同时设计、同时施工、同时投入生产和使用。安全设施投资应当纳入建设项目概算。坚持“三同时”，生产经营单位为职工提供符合国家规定的劳动安全卫生设施，才能更好地保障职工在劳动过程中的健康与安全。

0.4.2 入场安全须知

为强化安全生产管理，发挥群众组织监督作用，做到群防群治，确保安全生产和加强劳动保护工作，入场前须知以下安全事项：

（1）未满 18 周岁的人员严禁进入施工现场。

（2）进入现场前必须了解现场的危险并学习相关的职业健康安全知识。

（3）进入现场按照要求佩戴个人防护用品，施工人员应持证上岗。

（4）进入现场必须了解现场的平面、竖向布置通道和出口情况，随时注意安全标识提示。

（5）进入现场严禁饮酒、严禁吸烟、严禁抛扔物品。

（6）严禁私自拆除、挪用现场装置和设备。

（7）严禁动用本人职责范围之外的机械、器具和工具。

（8）现场严禁攀爬、跨越障碍、围栏、沟渠、孔洞、防护设施、机械或电气设备。

（9）严禁进入无照明灯、无防护和不熟悉的区域进行冒险尝试与超自身能力的尝试。

（10）严格遵守现场作息时间，进行必要的工间休息，身体不适必须休息。

（11）体验前应根据体验要求，对工作环境进行巡视，消除事故隐患，确认工作环境安全。

（12）在体验过程中、体验后应保持场地干净平整，道路畅通，防护到位。

0.4.3 培训人员的权利与义务

培训人员参加培训前，须知以下权利与义务：

（1）有获得签订劳动合同的权利，也有履行劳动合同的义务。

（2）有获得符合国家标准的劳动防护用品权利；也有正确佩戴和使用劳动防护用品的义务。

（3）有了解施工现场及工作岗位存在的危险因素、防范措施及应急措施的权利，也有关心他人，了解安全生产状况的义务。

（4）有接受安全生产教育和培训的权利，也有掌握本职业所需的安全生产知识的义务。

（5）有对安全生产工作的建议权；也有尊重、听从他人相关安全生产合理建议的义务。

（6）有对安全生产工作提出批评、检举、控告的权利，也有接受管理人员及相关部门真诚批评、善意劝告、合理处分的义务。

（7）有对违章指挥和强令冒险作业的拒绝权，也有遵章守纪、不违章作业、服从正确管理的义务。

（8）在施工中发生危及人身安全的紧急情况时，有权立即停止作业，或在采取必要的应急措施后撤离危险区域；也有及时向本单位或项目部安全生产管理人员或主要负责人报告的义务。

（9）发生事故时，有获得及时救治、工伤保险的权利，也有反思事故教训、提高安全意识的义务。

0.4.4 人的不安全行为表现

人的不安全行为是人表现出来的，是与人的心理特征相违背的，属于非正常行为，具体表现：操作错误，忽视安全，忽视警告；造成安全装置失效；使用不安全设备；手代替设备操作；物体存放不当；冒险进入危险场所；攀、坐不安全位置；在起吊物下作业、停留；机器运转时进行加油、修理、检查、调整、焊接、清扫等工作；有分散注意力行为；在必须使用个人防护用具的作业或场合中，忽视其使用；不安全装束；对易燃、易爆等危险物品错误处理。

项目 1　建筑施工安全体验

任务 1.1　劳动防护用品佩戴体验

1.1.1　任务陈述

劳动防护用品，是指保护劳动者在生产过程中的人身安全与健康所必备的一种防御性装备，是保护劳动者健康安全的最后一道防线，对于减少职业危害起着相当重要的作用（图 1-1）。在现实生活中，由于建筑施工人员对防护用品的作用认识不到位，在施工作业中存在大量不佩戴安全帽、不系安全带的违章行为，这是目前建筑施工人员受事故伤害的主要原因。因此，加强对建筑施工人员正确使用和佩戴劳动防护用品的教育培训十分必要，这也是本任务要重点解决的问题。

图 1-1　劳动防护用品佩戴示意

1.1.2　知识准备

1.1.2.1　劳动防护用品介绍

国家对劳动防护用品以人体防护部位为法定分类标准，共分为 9 类，具体如下：

（1）头部防护用品类。头部防护用品类主要包括一般防护帽、安全帽、防尘帽、防水帽、防寒帽、防电磁辐射帽等。

（2）呼吸器官防护用品类。呼吸器官防护用品类主要包括防颗粒物呼吸器（防尘口罩）和防毒面具两种。按功能可分为过滤式和隔离式两类。

（3）眼面部防护用品类。眼面部防护用品类主要包括防尘、防水、防冲击、防高温、防风沙、防放射线等。

（4）听觉器官防护用品类。听觉器官防护用品类主要包括耳塞、耳罩、防噪声耳帽及头盔等。

（5）手部防护用品类。手部防护用品类主要包括一般防护手套、防水手套、防寒手套、防静电手套、防高温手套、防油手套、防切割手套、绝缘手套、防 X 射线手套等。

（6）足部防护用品类。足部防护用品类主要包括防寒鞋、保护足趾鞋、防静电鞋、防高温鞋、防油鞋、防滑鞋、防刺穿鞋、电绝缘鞋、防振鞋等。

（7）躯体防护用品类。躯体防护用品类主要包括一般防护服、防水服、防寒服、防砸背心、防毒服、阻燃服、防静电服、防高温服、防电磁辐射服、防油服、防风沙服等。

（8）防坠落用品类。防坠落用品类主要包括安全带和安全网两种。安全网又可分为安全平网和安全立网两种。

（9）其他劳动防护用品类。其他劳动防护用品类主要是指护肤用品，可分为防毒、防腐、防射线等。

劳动防护用品种类繁多，体验者要全面了解防护用品的配备情况，在施工现场按照工作场景需要配备的 8 类劳动防护用品（简称“安全防护 8 件宝”），如图 1-2 所示。

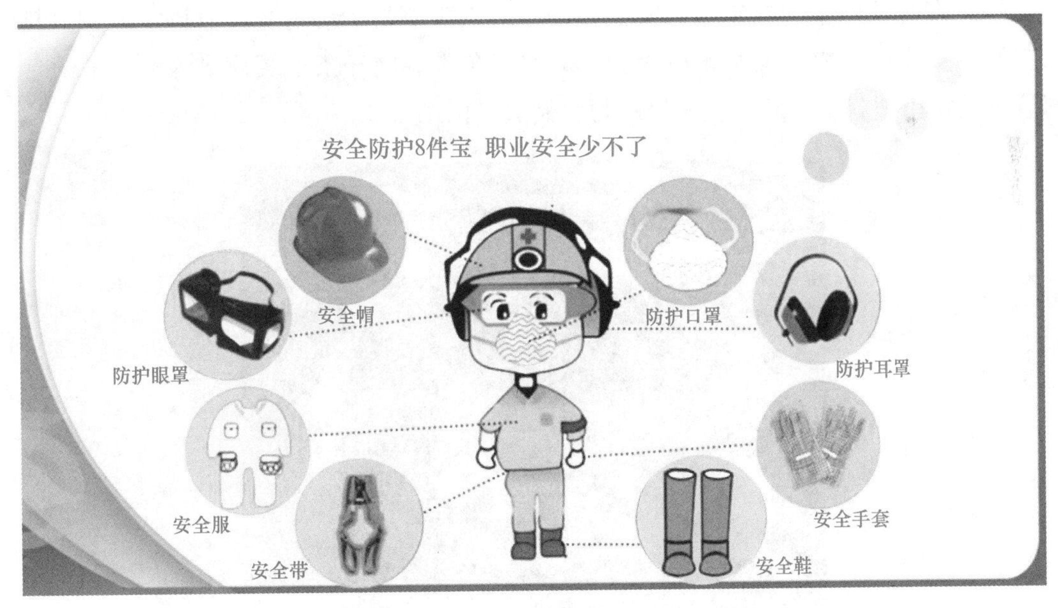

图 1-2 劳动防护用品标准着装

1.1.2.2 劳动防护用品规定

国家相关法律法规对施工现场作业人员劳动防护用品的配备均做出了相应规定，例如：

（1）《建筑施工作业劳动防护用品配备及使用标准》（JGJ 184—2009）第 1.0.3 ~ 1.0.4 条规定：从事新建、改建、扩建和拆除等有关建筑活动的施工企业，应依据本标准为从业人员配备相应的劳动防护用品，使其免遭或减轻事故伤害和职业危害。进入施工现场的施工人员和其他人员，应依据本标准正确佩戴相应的劳动防护用品，以确保施工过程中的安全和健康。

（2）《中华人民共和国安全生产法》第 45 条规定：生产经营单位必须为从业人员提供符合国家标准或者行业标准的劳动防护用品，并监督、教育从业人员按照使用规则佩戴、使用。

（3）《中华人民共和国劳动法》第 54 条规定：用人单位必须为劳动者提供符合国家规定的劳动安全卫生条件和必要的劳动防护用品，对从事有职业危害作业的劳动者应当定期进行健康检查。

（4）“三证一标志”：即生产许可证、产品合格证、安全鉴定证和安全标志。为了保证劳动防护用品质量，特种劳动防护用品实行三证制度，即生产许可证、安全鉴定证和产品合格证。特种劳动防护用品安全标志证书由国家安全生产监督管理总局监制，加盖特种劳动防护用品安全标志管理中心印章，生产经营单位不得采购和使用无安全标志的特种劳动防护用品。

1.1.2.3　劳动防护用品佩戴使用标准

1．安全帽

（1）安全帽的概念及组成。安全帽是指对人头部受坠落物及其他特定因素引起的伤害起防护作用的帽。安全帽由帽壳、帽衬（顶带、吸汗条、缓冲垫等）、下颌带三部分组成，由塑料、橡胶、玻璃钢等材料制成（图 1–3）。

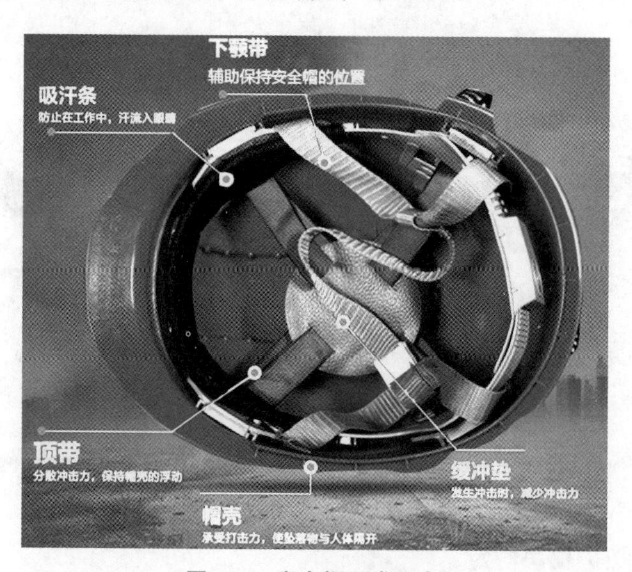

图 1–3　安全帽组成示意

（2）安全帽的类型。安全帽有多种类型，主要包括普通安全帽、防静电安全帽、电绝缘安全帽、阻燃安全帽、抗压安全帽、防寒安全帽、耐高温安全帽等。安全帽标识如图 1-4 所示。

图 1-4　安全帽相关标识示意

(a) 安全帽标识 1；(b) 安全帽标识 2；(c) 安全帽标识 3；(d) 安全帽标识 4

(3) 安全帽的正确佩戴方法。安全帽的正确佩戴主要分为三步：一是正面深戴至帽底部；二是头带调节到适合头部的大小固定紧；三是下颌带拉紧到不松弛（图 1-5）。

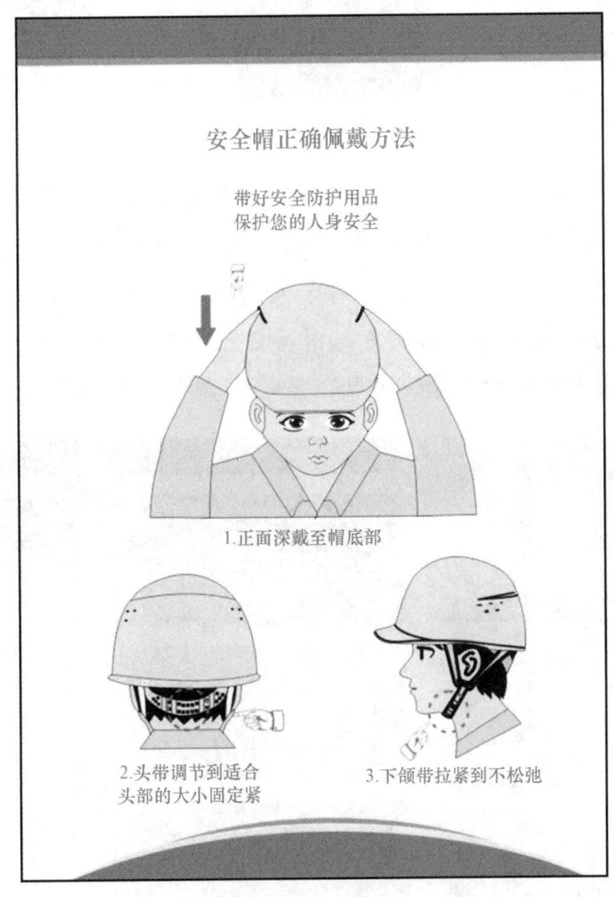

图 1-5　安全帽正确佩戴方法示意

2．安全带

（1）安全带的概念及分类。安全带是防止高处作业人员发生坠落或发生坠落后将作业人员安全悬挂的个体防护装备。安全带的类型主要包括围杆作业安全带、区域限制安全带、坠落悬挂安全带三种。在建筑施工现场主要使用坠落悬挂安全带。安全带标识及穿戴如图 1-6 所示。

图 1-6　安全带标识及穿戴示意

（2）安全带的选择要求。凡在距离坠落高度基准面 2 m 及以上地点（坠落相对距离）进行工作，都应视为高处作业，都必须使用安全带。例如，在距离坠落高度基准面 2 m 及以上，有发生坠落危险的场所作业，对个人进行坠落防护时，应使用坠落悬挂安全带或区域限制安全带；在距离坠落高度基准面 2 m 及以上进行杆塔作业，对个人进行坠落防护时，应使用围栏作业安全带或坠落悬挂安全带（图 1-7）。

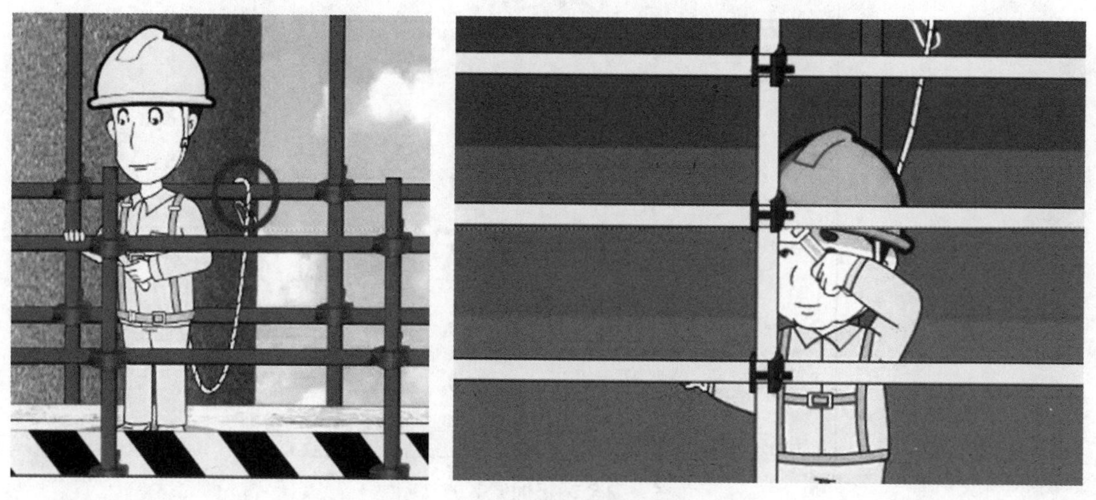

图 1-7　安全带正确悬挂示意

图 1-7　安全带正确悬挂示意（续）

（3）安全带“高挂低用”原则。高处作业安全带使用应遵从“高挂低用”原则，“高”就是高过身体来挂挂钩；“低”就是工作时身体在挂钩以下。若安全带“低挂高用”，一旦发生坠落，将增加冲击力，带来危险（图 1-8）。

图 1-8　安全带“高挂低用”示意

（4）安全带使用的注意事项。

①在没有防护设施的高处、悬崖、陡坡施工时，必须系好安全带。

②安全带应“高挂低用”，注意防止摆动碰撞。

③安全绳的长度限制在 1.5 ～ 2 m，使用 3 m 以上长绳应加缓冲器。

④不准将绳打结使用，也不准将钩直接挂在安全绳上使用，应挂在连接环上使用。

⑤安全带上的各种部件不得任意拆掉，使用 2 年以后应抽验一次。

⑥频繁使用的绳，要经常做外观检查，发现异常时，应立即更换新绳。

⑦安全带的使用期为 3 ～ 5 年，发现异常时，应提前报废。

⑧新使用的安全带必须有产品检验合格证，无证明不准使用。

3．安全鞋

（1）安全鞋（防护鞋）的种类。安全鞋按照功能不同，可分为以下几种：

①保护足趾鞋（靴）即足趾部分装有保护包头，以保护足趾免受冲击或挤压伤害的防护鞋（靴），又称防砸鞋（靴）。

②防刺穿鞋（靴）即内底装有防刺穿垫，以防御尖锐物刺穿鞋底的足部防护鞋（靴）。

③能使人的脚步与带电物体绝缘，阻止电流通过身体，以防止电击的足部防护鞋（靴）。

在实际工作中，应根据实际工作状况使用绝缘鞋或保护足趾鞋或其他种类安全鞋。安全鞋标识如图 1-9 所示。

图 1-9　安全鞋标识示意

（2）安全鞋（防护鞋）使用的注意事项。

①安全鞋（防护鞋）除须根据作业条件选择适合的类型外，还应合脚，穿起来使人感到舒适，要仔细挑选合适的防护鞋号，这一点非常重要。

②安全鞋（防护鞋）要有防滑设计，不仅要保护人的脚免遭伤害，而且要防止操作人员因滑倒而引起事故。

③使用安全鞋（防护鞋）前要认真检查或测试，在电气和酸碱作业中，破损和有裂纹的防护鞋都是危险的。

④安全鞋（防护鞋）用后要妥善保管，橡胶鞋用后要用清水或消毒剂冲洗并晾干，以延长使用寿命。

⑤各种不同性能的安全鞋（防护鞋），要达到各自防护性能的技术指标，如脚趾不被砸伤、脚底不被刺伤、绝缘不导电等要求。防护鞋不是万能的，施工时需要特别小心。

4．防护服

（1）防护服的概念。防护服是防御物理、化学和生物等外界因素伤害，以保护人体的工作服。

（2）防护服的种类。在建筑施工现场常见的防护服包括一般工作服、高可视性警示服（反光背心）、防毒工作服、耐火工作服、隔热工作服、防射线工作服、劳动防护雨衣等。防护服标识如图 1-10 所示。

图 1-10　防护服标识示意

（3）防护服的穿着要求。

①施工作业人员作业时必须穿着防护服。

②操作转动机械时，袖口必须扎紧，绑腿必须绑牢。

③从事特殊作业人员必须穿着特殊作业防护服。

④夜间施工或暗处施工时，劳动者必须在已有防护服外穿着合适的反光背心或直接穿着高可视性警示服或佩戴反光条，如图 1-11 所示。

图 1-11　反光背心穿着示意

5. 眼与面部防护类用具

（1）眼与面部防护用具的概念。眼与面部防护用具的作用是对眼睛、面部提供保护以及对抗不同强度的冲击、可见光辐射、熔融金属飞溅、液体雾滴和飞溅、粉尘、刺激性气体等对眼睛或面部的伤害。

（2）眼与面部防护用具的种类。眼与面部防护用具包括防尘、防水、防冲击、防高温、防电磁辐射、防射线、防化学飞溅、防风沙、防强光等用具。使用前必须确保防护用品的完整性及有效性，否则必须及时进行更换。眼与面部防护标识如图 1–12 所示。

图 1–12　眼与面部防护类标识示意

（3）眼与面部防护用具使用的注意事项。

①使用的眼镜和面罩必须经过有关部门检验。

②挑选、佩戴合适的眼镜和面罩，以防作业时脱落和晃动，影响使用效果。

③眼镜框架与脸部要吻合，避免侧面漏光。必要时应使用带有护眼罩或防侧光型眼镜。

④使用面罩式护目镜作业时，累计 8 h 至少更换一次保护片。防护眼镜的滤光片被飞溅物损伤时，要及时更换。

⑤防止面罩、眼镜受潮、受压，以免变形损坏或漏光。焊接用面罩应该具有绝缘性，以防触电。

⑥保护片和滤光片组合使用时，镜片的屈光度必须相同。

⑦对于送风式、带有防尘、防毒面罩的焊接面罩，应严格按照有关规定保养和使用。

6. 护听器

（1）护听器的概念。护听器是指保护听觉、使人免受噪声过度刺激的防护产品。护听器标识如图 1–13 所示。

图 1-13　护听器标识示意

（2）护听器的种类。护听器包括耳罩、耳塞、头盔等类型（图 1-14）。在强噪声环境中可将耳塞与耳罩、头盔复合使用。

图 1-14　各类护听器示意

（3）护听器使用的注意事项。

①耳塞使用的注意事项。第一，各种耳塞在佩戴时，要先将耳郭向上提拉，使耳甲腔呈平直状态，然后手持耳塞柄，将耳塞帽体部分轻轻推向外耳道内，并尽可能地使耳塞体与耳甲腔相贴合。但不要用劲过猛、过急或插得太深，以自我感觉适度为宜。第二，戴后感到隔声不良时，可将耳塞稍微缓慢转动，调整到效果最佳位置为止。如果经反复调整仍然效果不佳时，应考虑改用其他型号规格的耳塞反复试用，以选择最佳者定型使用。第三，佩戴泡沫塑料耳塞时，应将圆柱体搓成锥形体后再塞入

耳道，让塞体自行回弹，充满耳道。第四，佩戴硅橡胶自行成型的耳塞，应分清左右塞，不能弄错；插入耳道时，要稍微转动放正位置，使之紧贴耳甲腔。

②耳罩使用的注意事项。第一，使用耳罩时，应先检查罩壳有无裂纹和漏气现象，佩戴时应注意罩壳的方法，顺着耳郭的形状戴好。第二，将连接弓架放在头顶适当位置，尽量使耳罩软垫圈与周围皮肤相互密合，如不合适，应稍微移动耳罩或弓架，使调整到合适位置。第三，无论戴耳罩还是耳塞，均应在进入有噪声车间前戴好，工作中不得随意摘下，以免伤害鼓膜。如确需摘下，最好在休息时或离开车间以后，到安静处所再摘掉耳罩或耳塞。第四，耳塞或耳罩软垫用后需用肥皂、清水清洗干净，晾干后再收藏备用。橡胶制品应防热变形，同时撒上滑石粉贮存。

7. 呼吸器官防护类用品

（1）呼吸器官防护用品的概念。呼吸器官防护用品是指防御缺氧空气和空气污染物进入呼吸道的防护用品。呼吸器官防护用品标识如图 1-15 所示。

图 1-15　呼吸器官防护用品标识示意

（2）呼吸器官防护用品的种类。呼吸器官防护用品包括随弃式防颗粒物口罩（一次性）、可重复使用防护面罩、电动送风空气过滤式及长管供气式呼吸器等。在建筑施工现场常用到的有防毒面具、防尘口罩等，如图 1-16 所示。

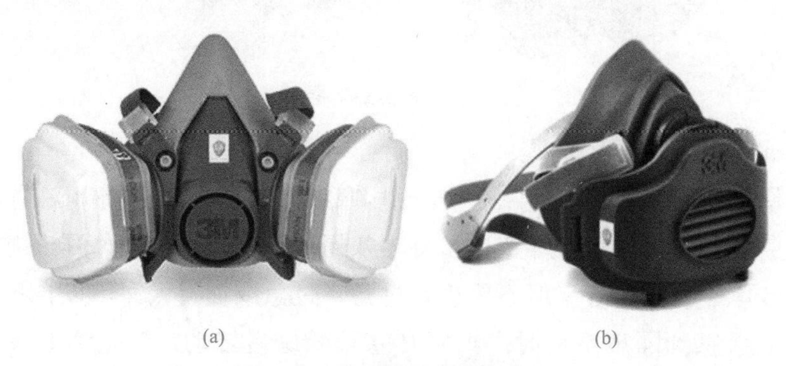

(a)　(b)

图 1-16　常见的呼吸防护用品

（a）防毒面具；（b）防尘口罩

（3）呼吸器官防护用品使用的注意事项。

①防毒面具。防毒面具可分为过滤式和隔离式两类。过滤式防毒面具是通过滤毒罐来滤除空气中的有毒气体再供人呼吸。因此，劳动环境中的空气氧气含量低于 18% 时不能使用。过滤式防毒面具不能用于险情重大、现场条件复杂多变和有两种以上有毒物的作业。隔离式防毒面具主要是依靠输气导管将无污染的空气或氧气送入密闭防毒面具内供作业人员呼吸，隔离式防毒面具主要应用于缺氧、毒气成分不明或浓度很高的污染环境。使用防毒面具时，严禁随便拧开滤毒盒盖，避免滤毒盒剧烈振动造成的药剂松散；同时，应防止水和其他液体滴溅到滤毒盒上降低防毒效能。对于使用后的防毒面具，要及时进行清洗、消毒，洗涤后晾干，切勿火烤、暴晒，以防材料老化。暂时不用的防毒面具，应在橡胶部件上均匀撒上滑石粉，以防黏合。现场备用的面具，应放置在专用的柜内，并定期维护和注意防潮。

②防尘口罩。防尘口罩在使用前要检查各部件是否完整，如有损坏必须及时整理或更换，应注意检查各连接处的气密性，特别是送风口罩或面罩，查看接头、管路是否畅通；当作业场所中除粉尘外，还伴有有毒的雾、烟等气体或空气中氧气含量不足 18% 时，应选用隔离式防尘用具，禁止使用过滤式防尘用具；针对淋水、湿式作业场所，选用的防尘用具应具有防水装置；防尘口罩佩戴要正确，系带和头箍要调节适度，对面部应无严重压迫感；防尘用具宜专人专用，使用后及时装塑料袋入内，避免挤压和损坏。

8．手部防护类用品

（1）手部防护用品的概念。手部防护用品是指防止劳动过程中对手造成伤害的防护用品。手部防护用品标识如图 1–17 所示。

图 1–17　手部防护用品标识示意

（2）手部防护用品的种类。手部防护用品主要包括纱手套、帆布手套、皮手套、绝缘手套等。在建筑施工现场常用的有防腐蚀和防化学药品手套、绝缘手套、搬运手套、防火防烫手套、防机械伤害手套等，如图 1–18 所示。

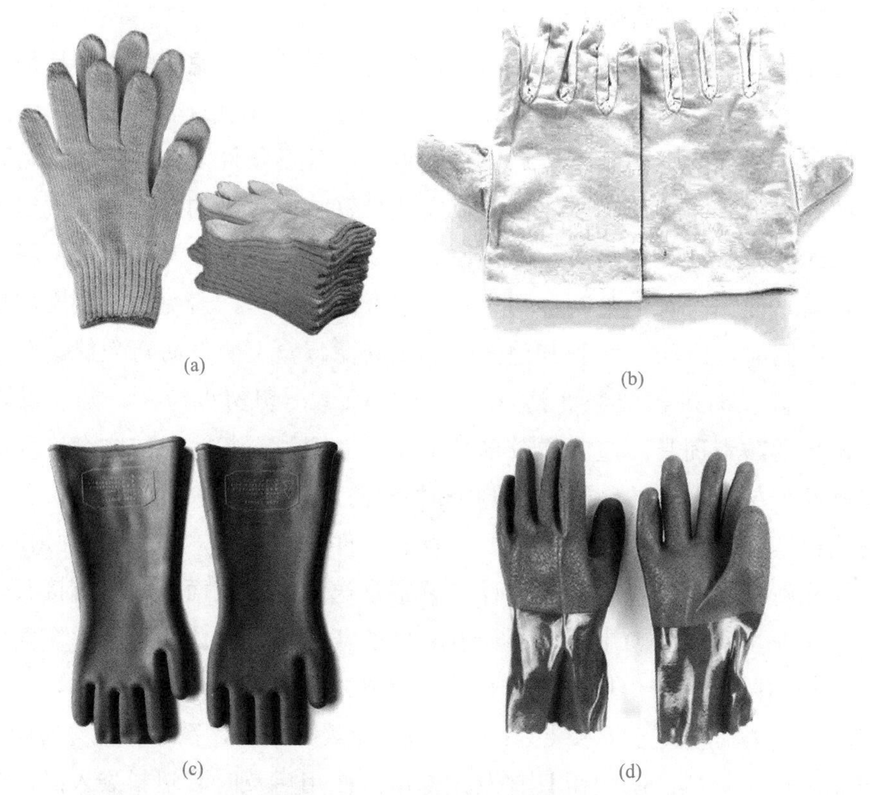

(a)　　(b)　　(c)　　(d)

图 1-18　常见的防护手套

（a）纱手套；（b）帆布手套；（c）绝缘手套；（d）防腐蚀手套

（3）手部防护用品使用的注意事项。

①天然橡胶制手套使用时不得与酸、碱、油类长时间接触，并应防止尖锐物件穿刺。用完后清洗、晾干，手套内外撒上滑石粉后，妥善保管，在保管中不得受压、受热。

②所有橡胶、乳胶、合成橡胶制手套的颜色必须均匀，手套除手掌部要求偏厚外，其他部分薄厚要相差不多，表面要光滑（为防滑在手掌面部制成条纹或颗粒状止滑花纹者除外）。在手掌面部不允许有大于 1.5 mm 的气泡存在，允许有轻微皱皮但不得有裂纹存在。

③绝缘手套除按规定选用外，经一年使用期后应复验电压强度，不合格者不应再做绝缘手套使用。

④要选择大小合适的手套。手套尺寸要适当，如果手套太紧，限制血液流通，容易造成疲劳，并且不舒适；如果太松，使用不灵活，而且容易脱落。

⑤防护手套种类繁多，应根据用途来选用。首先要明确防护对象，然后仔细选用，不得误用以免发生意外。

⑥绝缘防护手套在每次使用前必须仔细进行外观检查，并且用吹气法向手套内吹入气体，在手套的袖口部用手捏紧防止漏气，观察手套是否会自行泄漏。如果检查手

套无漏气处，即可做卫生手套使用。绝缘手套稍有破损时依然可以使用，但应在绝缘手套外面再罩上一副纱或皮革手套，以保证安全。

1.1.3 任务实施

下面以安全鞋为例介绍其佩戴体验要求（安全帽、安全带等其他防护用品佩戴体验见本书其他相关任务）。

在安全鞋冲击体验中，体验者可穿上安全鞋进行穿刺、重砸体验，并与普通鞋对比后果，从而使体验者了解施工现场常见足部伤害类型并认识安全鞋的重要作用，如图 1-19 所示。

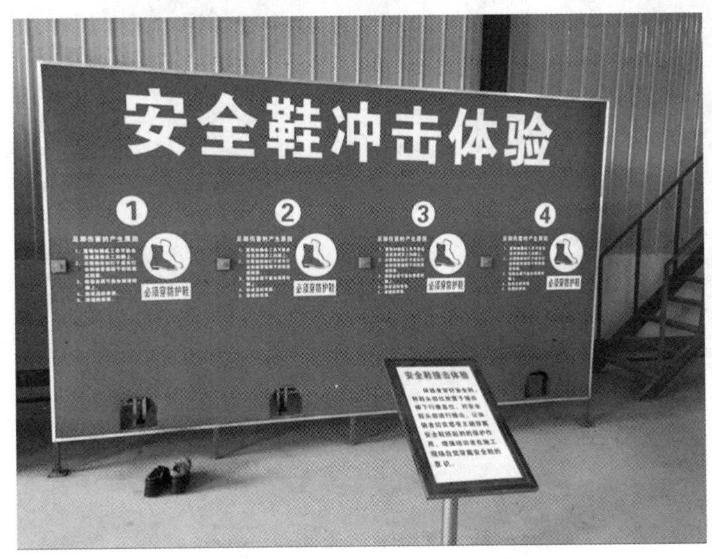

图 1-19 安全鞋冲击体验示意

（1）体验者正确穿戴个人安全防护用品。

（2）由培训师讲解施工现场常见足部伤害类型与安全鞋对足部防护的意义（防砸、防刺、防滑、绝缘等）。

（3）体验者穿着合格的安全鞋，将足部踩到合适的体验位置，并将安全鞋前端内含钢板的部分正对铁棒下落的位置。

（4）由培训师遥控使铁棒落下砸到安全鞋前端，让体验者认识安全鞋的重要作用。

注意事项：施工现场环境错综复杂，朝天钉、钢管、钢筋、裸露的导线等危险有害因素均会对人员造成伤害，进入施工现场前必须穿戴好合适的安全鞋；安全鞋的性能会随着时间的推移而下降，在达到报废标准前须配备新的安全鞋。

任务 1.2　人行马道体验

1.2.1　任务陈述

某工程项目施工现场设置了建筑安全体验区，体验区内的人行马道分标准的和非标准的两种做法（图 1–20）。现安排施工人员进行人行马道体验，对于非标准的人行马道，施工人员在上面行走时会造成什么样的安全隐患，这是本任务要重点解决的问题。

图 1–20　人行马道示意

1.2.2　知识准备

1.2.2.1　马道搭设要求

1．材料要求

（1）钢管。脚手架钢管应符合现行国家相关标准的规定，脚手架钢管采用外径 48.3 mm、壁厚 3.6 mm 的钢管。钢管应平直光滑，无裂缝结疤、分层、错位、硬弯、毛刺、压痕和深的划道。钢管应有产品质量合格证，钢管必须涂有防锈漆并严禁打孔。

（2）扣件。扣件应采用可锻铸铁或铸钢制作的扣件。其材质必须符合现行国家相关标准的规定。扣件必须有产品合格证，无出厂合格证、表面有裂纹变形、锈蚀等质量问题严禁使用。脚手架采用的扣件，在螺栓拧紧扭力达 40 ～ 60 N · m 时，不得发生破坏。扣件夹紧钢管时，开口处的最小距离要大于 5 mm。

（3）脚手板。脚手板应采用冲压钢脚手板，其规格为长度 3 000 mm、厚度 50 mm、宽度 250 mm，其材质应符合现行国家相关标准的规定，要求有产品合格证，表面锈蚀斑点直径不大于 5 mm，并沿横截面方向不得多于 3 处，表面应有防滑圆孔，并涂刷防锈漆。或采用木脚手板，厚度为 50 mm、宽度为 250 mm、长度为 4 000 mm。

（4）安全网。安全网必须是经国家指定监督检验部门鉴定许可生产的厂家产品，同时具备监督部门批量检验和工厂检验合格证，同时符合现行《安全网》（GB 5725—2009）的规定。立网为密布网，采用全新绿色密布安全网（200 000 目 /m^2）；水平网为大眼棉纶网，采用宽度不得小于 3 m，长度不得大于 6 m，网眼为 50 mm 的安全网。

2．搭设要求

（1）人行马道搭设必须由持证人员进行，严格按方案及相应安全规范、标准进行施工，控制好立杆的垂直度、横杆的水平度并确保结点符合要求。

（2）马道两侧及平台外围均设置栏杆及挡脚板，栏杆高度不得低于 1.2 m，间距不大于 0.6 m，挡脚板高度不低于 0.18 m，宽度不小于 0.3 m，达到安全舒适的目的。为防止高空坠落及滑跌，应做好安全警示工作。

（3）斜道两侧、端部及平台外围，必须设置纵向剪刀支撑。

（4）搭设马道所用的扣件使用前必须要进行检查，不符合要求的扣件不得使用在架体上。

（5）人行马道搭设完毕后必须经项目安全部门验收合格后方可使用，使用过程中必须设专人对人行马道进行日常检查。

（6）工人搭设马道时必须戴好安全帽、系好安全带，穿软底鞋，脚手材料要堆放平稳，工具要放入工具袋，上下传递物件不得抛掷。

（7）马道脚手板应顺铺，要满铺、铺平、铺稳，不得有探头板。

（8）严禁拆除马道的基本构架杆件、整体性杆件、连接紧固件等。

1.2.2.2 人行马道体验注意事项

（1）体验人员在体验时必须正确穿戴个人安全防护用品，上下通道时一步一个台阶，严禁一次跨越两个及以上台阶。

（2）通过不良马道时应集中注意力，体验者必须缓慢向上攀爬，双手扶住马道两边栏杆，双脚必须在马道木板上踩实后，再向上行进，避免脚下打滑摔落下去，造成不必要的伤害。

（3）通过标准马道和非标准马道对比体验，施工人员正确认识良好马道和不良马道、良好通道和不良通道之间的区别。同时要注意，马道是为了在施工过程中方便施工人员行走和作业、便于小型机械物资转运等，不能作为主要的交通道路。严禁使用有明显变形、裂纹和严重锈蚀的钢管扣件，并做好警示工作。

1.2.3 任务实施

体验者按顺序依次通过人行马道，体会良好马道和不良马道在施工现场的重要性，同时学习临时楼梯的安装标准。

（1）体验前，应检查现场脚手架、扣件、脚手板、安全网、支撑等是否牢固、完好，发现问题应及时处理。

（2）体验者正确穿戴个人安全防护用品。

（3）培训师向体验者讲解有关人行马道体验的相关知识。

（4）体验者按照培训师要求依次踏上人行马道，双手扶住马道两边的栏杆。

（5）体验者体验标准楼梯和良好通道、非标准楼梯和不良通道的感觉，亲身体会按标准施工的重要性。

任务 1.3 安全防护栏杆倾倒体验

1.3.1 任务陈述

某工程项目施工现场设置了建筑安全体验区，体验区内设有安全防护栏杆倾倒体验项目（图 1-21），现安排施工人员进行防护栏杆倾倒体验，即体验者在脚手架防护栏杆前停靠时，局部栏杆会突然倾倒，让体验者感受不良防护栏杆的危险性及栏杆防护不到位对施工人员造成的危害，使体验者掌握防护栏杆的作用并提高安全防范意识，这是本任务要重点解决的问题。

图 1-21 安全防护栏杆示意

1.3.2 知识准备

1.3.2.1 栏杆防护要求

（1）临边防护栏杆应由横杆、立杆及不低于 0.18 m 高的挡脚板组成；临边防护栏杆应连续设置两道，上杆距离地面高度应为 1.2 m，下杆应在上杆和挡脚板中间设置；当防护栏杆高度大于 1.2 m 时，应增设横杆，横杆间距不应大于 0.6 m；防护栏杆立杆间距不应大于 2 m；防护栏杆上应设置密目式安全立网封闭严密。

（2）防护栏杆立杆底端应固定牢固，当在基坑四周土体上固定时，应采用预埋或打入方式固定。防护栏杆杆件若采用钢管，横杆及栏杆立杆应采用脚手钢管，并应采用扣件、焊接、定型套管等方式进行连接固定；防护栏杆若采用其他型材，应选用与脚手钢管材质强度相当的材料，并应采用螺栓、销轴或焊接等方式进行连接固定。

（3）栏杆横杆和立杆的设置、固定及连接，应确保防护栏杆在上下横杆和立杆任何处，均能承受任何方向的最小 1 kN 外力作用。

（4）楼梯未安装正式防护栏杆前，必须搭设高度不低于 1.2 m 高的防护栏杆；旋转式楼梯安装防护栏杆同时，中空位置每隔四层且不大于 10 m 设置一道水平安全网，首层设置双层安全防护网。

（5）阳台栏板应随层安装，不能随层安装的，应在阳台临边处设置两道不低于 1.2 m 的防护栏杆。

（6）楼层临边结构高度低于 1.2 m 的，按临边防护标准搭设防护栏杆。

（7）确因施工需要，临时拆除洞口或临边防护的，必须设专人监护。禁止同时拆除多层洞口或临边防护，禁止交叉作业。

1.3.2.2 栏杆倾倒体验注意事项

体验者在体验时必须正确穿戴个人安全防护用品，体验前要对体验设备进行全面检查。注意倾倒栏杆与固定栏杆之间连接件的连接是否牢固，安全立网是否封闭，按钮开关（如有）是否灵敏。

让体验者体验如果没有安全防护、防护栏杆倾倒时可能带来的严重后果，并着重向体验者讲解安全栏杆的标准及安装要求，通过栏杆倾倒体验，体验者养成良好的作业习惯，提高安全意识。

1.3.3 任务实施

感受不良防护栏杆的危险性及栏杆防护不到位对施工人员造成的危害。

（1）体验前，应对体验设备进行全面检查，发现问题应及时处理。

（2）体验者正确穿戴个人安全防护用品。

（3）培训师对体验者讲解防护栏杆的连接与搭设要求。

（4）培训师对体验者讲解栏杆发生事故的常见原因。一是由于作业人员随意拆除防护栏杆，拆除之后未及时恢复到原位，也没有对其他作业人员进行安全交底；二是直接未搭设防护栏杆，从而造成高处坠落事故。

（5）培训师指导体验者将安全带挂在安全栏杆上，身体接近防护栏杆横杆被包裹处，准备体验。

（6）体验者准备就绪后，与其交谈聊天，转移其注意力。培训师启动按钮，安全栏杆瞬间倾倒。告诫体验者假设栏杆无安全保护措施或使用劣质防护栏杆倾倒时可能带来的严重后果。

任务 1.4　灭火器演示体验

1.4.1　任务陈述

某办公室计算机、打印机等用电设备因插座接触不良导致线路及设备起火（图 1–22）。办公室内现有自来水、泡沫灭火器、湿拖把等灭火器具，针对起火部位和起火原因，办公室工作人员应该选择哪种灭火器具来快速进行灭火，这是本任务要重点解决的问题。

图 1–22　某办公室起火示意

1.4.2　知识准备

1.4.2.1　物质燃烧的必要条件

物质燃烧的发生和发展，必须具备三个必要条件，即可燃物、助燃物和着火源，通常称为燃烧三要素。

1．可燃物

凡是能与空气中的氧气或其他氧化剂起燃烧化学反应的物质称为可燃物。可燃物按其物理状态分为气体可燃物、液体可燃物和固体可燃物三种类别。可燃物大多是含碳和氢的化合物，如木炭、煤、硫等；某些金属（如镁、铝、钙等）在一定条件下也可以燃烧。

2．助燃物

助燃物是指帮助可燃物燃烧的物质，确切地说是指能与可燃物发生燃烧反应的物质。化学危险物品分类中的氧化剂类物质均为助燃物。除此之外，助燃物还包括一些未列入化学危险物品的氧化剂，如液态氧、纯氧、液态空气和空气等。

3．着火源

着火源就是引起火灾的源头，在火灾过后消防人员都会寻找着火源，来判定这次火灾的起因和责任。

1.4.2.2 灭火的基本方法

灭火的四种基本方法是冷却灭火法、窒息灭火法、隔离灭火法和化学抑制灭火法。

1．冷却灭火法

冷却灭火法是将灭火剂直接喷射到燃烧物上，以降低燃烧物的温度。当燃烧物的温度降低到该物质的燃点以下，燃烧就停止了，或者将灭火剂喷洒到火源附近的可燃物上，使其免受火焰辐射热的威胁，避免形成新的火焰。

2．窒息灭火法

窒息灭火法是阻止空气流入燃烧区域或用不燃烧的物质冲淡空气，使燃烧物得不到足够的氧气而熄灭。例如，用石棉毯、湿麻袋、黄沙、灭火剂等不燃烧或难燃烧物质覆盖在物体上；封闭起火的船舱、建筑的门窗、孔洞等和设备容器的顶盖，窒息燃烧源。

3．隔离灭火法

隔离灭火法是将着火的地方或物体与周围的可燃物隔离或移开，燃烧就会因缺少可燃物而停止。例如，将靠近火源的可燃、易燃和助燃的物品搬走；把着火的物体移到安全的地方；关闭可燃气体、液体管道的阀门，减少和终止可燃物进入燃烧区域等。

4．化学抑制灭火法

化学抑制灭火法是将化学灭火剂喷入燃烧区使之参与燃烧反应过程，使燃烧过程中产生的游离基消失，从而形成稳定分子或低活性的游离基，燃烧反应因缺少游离基而停止。

1.4.2.3 灭火器的种类

灭火器包括水基型灭火器、干粉灭火器、泡沫灭火器、二氧化碳灭火器。

1．水基型灭火器（图 1–23）

灭火原理：通过内部装有 AFFF 水成膜泡沫灭火剂和氮气产生的泡沫，其喷射到燃料表面，泡沫层析出的水在燃料表面形成一层水膜，使可燃物与空气隔绝。

适用范围：扑救固体或非水溶性液体的初起火灾，它是木竹类、织物、纸张及油类物质的开发加工、贮运等场所的消防必备品。水基型水雾灭火器还可扑救带电设备的火灾。

分类：水基型灭火器可分为水基型水雾灭火器、清水灭火器和水基型泡沫灭火器。

图 1-23　水基型灭火器示意

2．干粉灭火器（图 1-24）

灭火原理：干粉灭火器内充装的是磷酸铵盐干粉灭火剂，其灭火一是靠干粉中的无机盐的挥发性分解物，与燃烧过程中燃料所产生的自由基或活性基团发生化学抑制和负催化作用，使燃烧的链反应中断而灭火；二是靠干粉的粉末落在可燃物表面外，发生化学反应，并在高温作用下形成一层玻璃状覆盖层，从而隔绝氧气，进而窒息灭火。

适用范围：扑救石油、石油产品、油漆、有机溶剂和电器设备火灾。

分类：干粉灭火器可分为 ABC 类（磷酸铵盐等）和 BC 类（碳酸氢钠等）两种；按操作方式可分为手提式干粉灭火器和推车式干粉灭火器；按充装干粉灭火剂的种类可分为普通干粉灭火器和超细干粉灭火器。

图 1-24　干粉灭火器示意

3. 泡沫灭火器（图 1-25）

灭火原理：使用泡沫灭火器灭火时，能喷射出大量泡沫，它们能黏附在可燃物上，使可燃物与空气隔绝，同时降低温度，破坏燃烧条件，达到灭火的目的。

适用范围：扑救 A 类火灾，如木材地、棉麻、纸张等火灾地。

分类：泡沫灭火器可分为手提式泡沫灭火器、推车式泡沫灭火器和空气式泡沫灭火器。

图 1-25　泡沫灭火器示意

4. 二氧化碳灭火器（图 1-26）

灭火原理：二氧化碳具有较高的密度，约为空气的 1.5 倍。在常压下，液态的二氧化碳会立即汽化，一般 1 kg 的液态二氧化碳可产生约 0.5 m^3 的气体。灭火时，二氧化碳气体可以排除空气而包围在燃烧物体的表面或分布于较密闭的空间中，降低可燃物周围或防护空间内的氧浓度，产生窒息作用而灭火。另外，二氧化碳从储存容器中喷出时，会由液体迅速汽化成气体，而从周围吸收部分热量，起到冷却的作用。

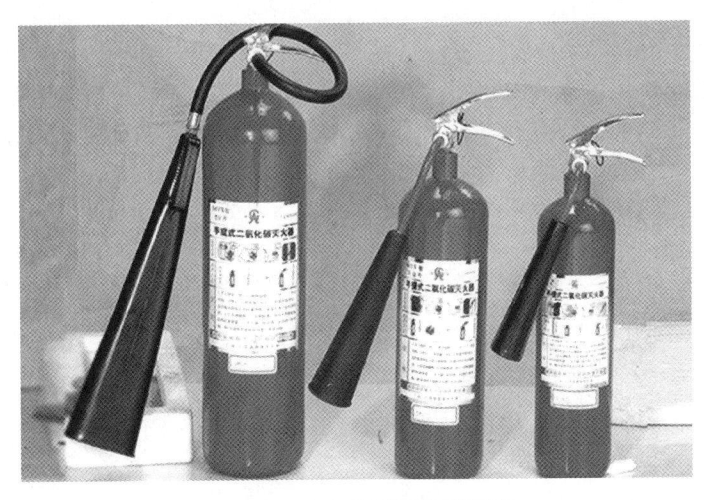

图 1-26　二氧化碳灭火器示意

适用范围：扑救 600 V 以下的电气设备、精密仪器、图书档案等火灾，以及范围不大的油类、气体和一些不能用水扑灭的物质的火灾。

分类：二氧化碳灭火器可分为纯二氧化碳的灭火器、二氧化碳驱动的泡沫灭火器、二氧化碳驱动的干粉灭火器；按照移动方式可分为手提式二氧化碳灭火器和推车式二氧化碳灭火器。

1.4.2.4 灭火器的正确使用方法

下面以干粉灭火器为例，介绍其正确使用方法。

1．检查灭火器压力表

国内一般将灭火器压力表分为三个部分（图 1–27）：第一部分是红色区域，指针指到红色区域，表示灭火器内干粉压力过低，不能喷出，已经失效，这时应该到正规的消防器材店重新充装干粉；第二部分（较窄）是绿色区域，指针指到绿色区域，表示压力正常，可以正常使用；第三部分是黄色区域，表示灭火器内的干粉压力过大，可以喷出干粉，但有爆破、爆炸的危险最好也拿到正规的消防器材店重新充装干粉。一般情况下，正规厂家都会充在绿色区域。

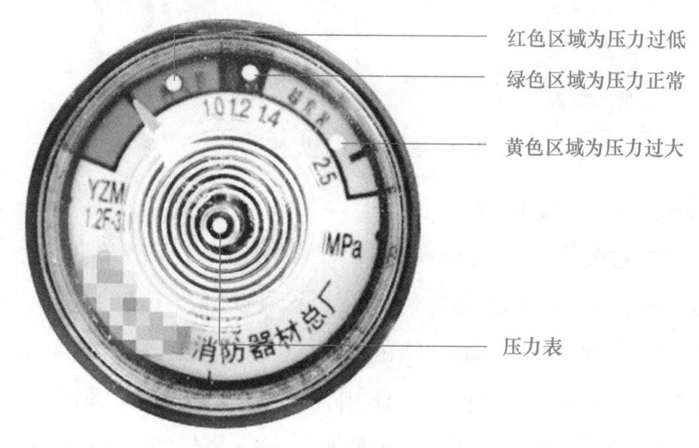

图 1–27　灭火器压力表示意

2．灭火器的正确使用方法

灭火器的正确使用方法简单地说就是：提、拔、瞄、压。具体步骤如下：

（1）手提灭火器把，在距离起火点 3 ～ 5 m 处，将灭火器放下，在室外使用时注意占据上风方向。

（2）使用前先将灭火器上下颠倒几次，使筒内干粉松动。

（3）拔下保险销，一只手握住喷嘴，使其对准火焰根部，另一只手用力按下压把，干粉便会从喷嘴喷射出来。

（4）左右喷射，不能上下喷射，灭火过程中应保持灭火器直立状态，不能横卧或颠倒使用。灭火示意如图 1–28 所示。

图 1-28　灭火示意

3. 灭火器使用的注意事项

（1）灭火器使用时，一般在距离燃烧物 5 m 左右地方使用，但是对于射程近的灭火器，可以在 2 m 左右，最好是根据现场的情况而定。

（2）喷射时，应采取由近而远、由外而里的方法。

（3）灭火时，人要站在上风处。

（4）不要将灭火器的盖与底对着人体，防止弹出伤人。

（5）不要与水同时喷射在一起，以免影响灭火效果。

（6）扑灭电器火灾时，应先切断电源，防止触电。

（7）持喷筒的手应握住胶质喷管处，防止冻伤。

1.4.3　任务实施

1. 泡沫灭火器的使用

（1）右手拖着压把，左手拖着灭火器底部，轻轻取下灭火器。

（2）右手提着灭火器到现场。

（3）右手捂住喷嘴，左手执筒底边缘。

（4）把灭火器颠倒过来呈垂直状态，用劲上下晃动几下，然后放开喷嘴。

（5）右手抓筒耳，左手抓筒底边缘，把喷嘴朝向燃烧区，站在距离火源 8 m 的地方喷射，并不断前进，兜围着火焰喷射，直至把火扑灭。

（6）灭火后，把灭火器卧放在地上，喷嘴朝下。

注意事项如下：

（1）提取要平稳，以防止两种药液混合。

（2）灭火器颠倒后，没有泡沫喷出，应将筒身平放地上，疏通喷嘴，切不可旋开筒盖，以免筒盖飞出伤人。

（3）容器内部的易燃液体着火，不要将泡沫直接喷向液面上，应将泡沫喷到容器壁上，使其平稳地覆盖在液面上，以减少液面搅动，同时能够形成泡沫层，此时也可用水冷却容器的外壁。

2. 二氧化碳灭火器的使用

（1）将灭火器提到起火地点。

（2）放下灭火器，拔出保险销。

（3）一只手握住喇叭筒根部的手柄，另一只手紧握启闭阀的压把。

（4）将喷口对准火焰根部进行灭火。

注意事项如下：

（1）对没有喷射软管的二氧化碳灭火器，应把喇叭筒往上扳 70°～90°。

（2）使用时，不能直接用手抓住喇叭筒外壁或金属连接管，防止手被冻伤。

（3）在室外使用的，应选择上风方向喷射；在室内窄小空间使用的，灭火后操作者应迅速离开，以防窒息。

（4）灭火时，当可燃液体呈流淌状燃烧时，使用者将二氧化碳灭火剂的喷流由近而远向火焰喷射。如果可燃液体在容器内燃烧，使用者应将喇叭筒提起，从容器的一侧上部向燃烧的容器中喷射。但不能将二氧化碳射流直接冲击可燃液面，以防止将可燃液体冲出容器而扩大火势，造成灭火困难。

3. 灭火器模拟体验培训

（1）体验者正确穿戴个人安全防护用品。

（2）培训师向体验者讲解有关灭火器的相关知识。

（3）施工现场必须配备合格灭火器，灭火器为压力容器的，压力表指针应处于绿色区域，处于红色区域为压力不足无法达到灭火效果，处于黄色区域为压力过大容易导致灭火器爆炸危险。

（4）使用灭火器灭火时应该选用合适的灭火器种类。灭火器主要分为干粉灭火器、泡沫灭火器、二氧化碳灭火器和清水灭火器。

（5）灭火器只适用于火灾初期的现场扑救。体验设备通过声、光、烟等，模拟真实火灾场景，培训体验者灭火器的正确使用方法，即“一提、二拔、三瞄、四压”。

（6）先除掉铅封，提起灭火器，拔掉灭火器上的保险销，将喷管瞄准火源的底部，压下手柄将罐内灭火材料喷出，如图 1-29、图 1-30 所示。

图 1-29　灭火器使用方法示意

图 1-30　灭火器体验场景示意

任务 1.5　综合用电体验

1.5.1　任务陈述

预防施工现场临时用电所引起的触电事故，通过综合用电体验，让体验者直接体验及学习临时用电中应该注意的安全知识，并通过漏电、触电的体验，增强体验者在施工现场正确使用临时用电的安全意识，教育作业人员使用各种用电设备时应提高警惕，同时培训触电急救的方法（图 1-31）。

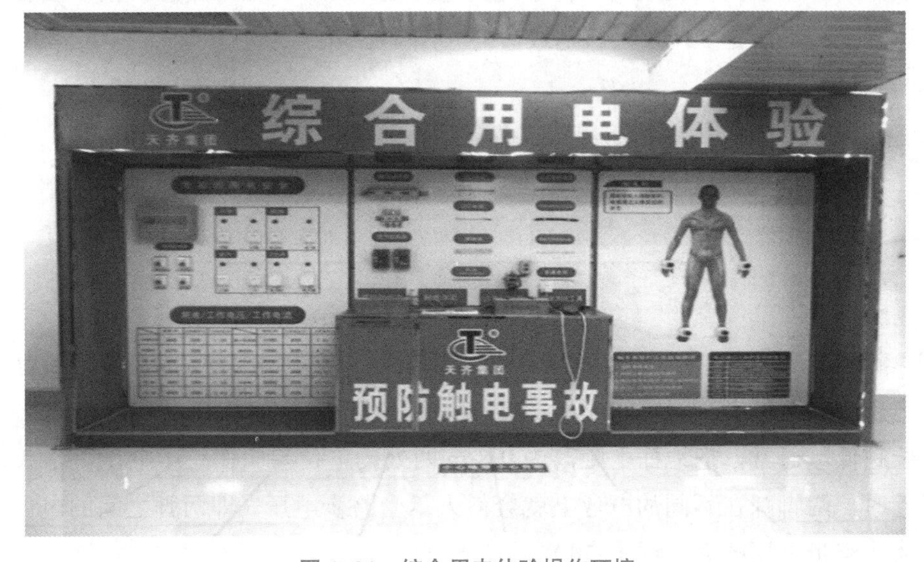

图 1-31　综合用电体验操作环境

1.5.2 知识准备

1.5.2.1 临时用电事故的类型与规律

临时用电是非标准配置，其特点主要在于电气线路和设施处于“临时”状态，其安全保护措施不到位，施工现场条件差、人员复杂、工作紧张，发生事故的概率很大。发生触电事故一般是因为人们没有遵守操作规程或粗心大意直接接触或过分靠近电气设备的带电部分。当人触电时，通过人体的电流会使各种生理机能失常或破坏，如烧伤、肌肉抽搐、呼吸困难、心脏停搏及神经系统严重损坏，甚至危及生命。

1. 临时用电事故的类型

根据触电形式，临时用电事故主要有以下几种类型：

（1）单相触电。人体接触一根电源相线为单相触电，如果在低压接地电网中，人体将承受 220 V 的电压，有生命危险。如果在低压不接地电网中，一般没有危险，但电网对地漏电时会有更大的危险（图 1–32）。

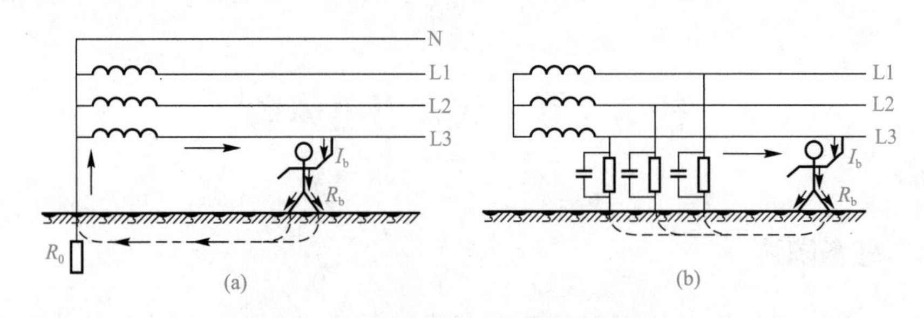

图 1–32 单相触电示意及等效电路

（a）中性点直接接地电网；（b）中性点不接地电网

（2）两相触电。人体同时触及带电设备或线路中的两相导体发生的触电现象称为两相触电。如果接触两根相线，人体承受的电压是 380 V；如果接触一根相线和一根零线，人体承受的电压是 220 V，都是致命的（图 1–33）。

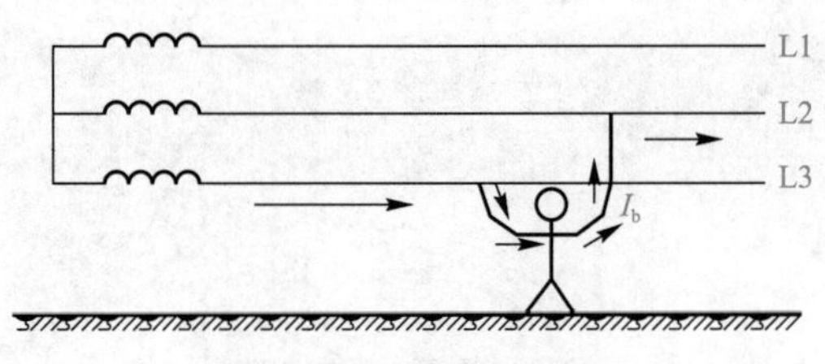

图 1–33 两相触电示意

（3）跨步电压触电。当有电流流入防雷接地点或高压电网相线断落而接地的接地点时，电流在接地点周围土壤中产生电压降，接地点的电位往往很高，距离接地点越远则电位越低。通常，把地面上距离为 0.8 m 两处的电位差叫作跨步电压。当人走近接地点附近时，两脚踩在不同的电位上就会使人承受跨步电压（即两脚之间的电位差）。步距越大，跨步电压越大（图 1–34）。

跨步电压触电

图 1–34　跨步电压触电示意

2．临时用电事故的规律

临时用电事故的发生也有一定的规律性，主要有以下四点：

（1）高温多雨季节。这时电气设备受潮的机会比较多，绝缘不好的设备易发生漏电现象。而人体出汗多造成人体电阻下降，触电时会产生严重的伤害，所以，在高温多雨季节要加强安全用电检查。

（2）低压电网触电多。表面上看，高压电网危险性更大，但由于对高压电网的畏惧心理，以及防范措施得力，故高压电网触电事故发生率远低于低压电网。

同时需要强调，建筑业由于临时搭建的脚手架与高压线路可能相距太近，高压电网触电事故发生率相对其他行业来讲是很高的。

（3）非专职电工触电多。专职电工有较高的专业技术水平和严格的操作规程，不易发生触电事故；而非专职电工既无保护措施，又无操作规程制约，一旦与电打交道，危险性相当大，称为触电事故的高发人群。

（4）与工作环境有关。地下作业、隧道作业、金属容器作业，由于潮湿、导电体多，触电后不易脱离电源，是最危险的触电环境；建筑工地次之，因临时性设施多，工人文化素质偏低，也是触电事故的高发环境。

1.5.2.2　临时用电强制性规定

（1）临时用电工程电源中性点直接接地的 220/380 V 低压电力系统必须采取不少于三级配电、TN–S 接零保护和逐级漏电保护。

（2）TN 系统中的保护零线除必须在配电室或总配电箱处做重复接地外，还必须在配电系统的中间处和末端处做重复接地。同一配电系统不得将一部分设备做保护接零，另一部分设备做保护接地。

1.5.2.3　现场临电作业“十个必须”

（1）电工、电焊工必须持证上岗。

（2）电工必须严格执行临时用电专项施工的规定。

（3）现场用电设备必须实行“一机一箱一闸一漏”制，一个开关能控制一台设备。

（4）移动式配电箱和开关箱的进出线必须采用橡皮绝缘电缆，进入开关箱的电源线，严禁用插销连接。

（5）在孔、洞、廊道、混凝土浇筑仓号内作业时，必须使用安全电压。

（6）动力配电箱与照明配电箱必须分别管理。

（7）搬移用电设备必须切断电源，设备停用必须先断电，锁好开关箱。

（8）交流电焊机开关箱内必须有隔离开关和漏电保护器，必须有二次侧防触电保护装置。

（9）建筑施工检修作业必须有警告标志牌和监护人。

（10）施工现场发生触电事故组织抢救时，必须保证自身安全。

1.5.2.4　现场临电作业“十个严禁”

（1）电、气焊工人不佩戴电气焊手套、护目镜、防护面罩、不穿绝缘鞋等防护用具严禁作业。

（2）严禁在内外电线防护危险区域作业。

（3）严禁独立操作带电机械，必须有专人监护。

（4）架空临电严禁采用塑胶线。

（5）手持电动工具严禁使用破损电缆。

（6）非电工严禁动用任何临电设施。

（7）使用混凝土振捣器时，操作者不穿绝缘鞋、不佩戴绝缘手套严禁作业。

（8）工作面的电功率严禁超负荷运行。

（9）办公室及职工宿舍严禁非电工私自乱接电热水器、电热毯、电炉子等电器。

（10）严禁在宿舍的床头上私设开关和插座。

1.5.3　任务实施

1.5.3.1　人体触电

低电压电流可使心跳停止，继而呼吸停止。高压电流由于对中枢神经系统强力刺激，先使呼吸停止，再随之心跳停止。雷击是极强的静电电击。高电压可使局部组织温度处于 2 000 ℃～ 4 000 ℃。闪电为一种静电放电，在闪电一瞬间的温度更高，可迅速引起组织损伤和“炭化”。

体验又称为体会，是用自己的生命来验证事实，感悟生命，留下印象。体验到的东西使得人感到真实、现实，并在大脑记忆中留下深刻印象，使人可以随时回想起曾经亲身感受过的生命历程，也因此对未来有所预感。

综合用电体验就是通过模拟施工现场常见的过电流、触电、漏电及其他综合用电事故，学习现场常用开关、开关箱、各种灯具及各种电线的规格说明并学会正确使用。当保护箱内接入实验电线，开启实验开关时，体验人员会通过观察窗看到实验电线由于电流过高、电线过载而产生高温，并发生燃烧、熔断、电火花等严重后果。通过综合用电体验，正确引导学习安全用电的基本知识，提高安全用电的意识(图1-35)。

图 1-35　人体触电示意

1.5.3.2　过电体验

在脉冲式触电体验设备上，通过模拟电流来造成人体不适，采取的都是 36 V 以下的安全电压，并且加装了脉冲装置，人员体验时不会产生触电危险，但能给体验者带来真实的触电感受，如两手微麻、头皮发紧等情况。然而在建筑施工工地上，用电有时甚至高达上千伏，一旦发生触电事故，轻者休克晕厥，重者瞬间“炭化”死亡。通过安全体验馆中的综合用电体验，施工现场的管理人员和工人们能熟练掌握安全操作规程与紧急情况下的安全对策，加强在实际工作中的安全防范意识，杜绝此类事故的发生。

安全用电体验成为工地安防明星产品之一的主要原因是其教育方式的先进性——体验教育。体验者将双手放置于预设平台上，慢慢加大电流，随着电流的增加会慢慢出现微麻，继续增加电流会由麻成针刺一样的疼痛。一方面，让体验者通过安全体验掌握一定施工技巧及规避安全事故，这种方式充满趣味性，能提高体验者受教育的积极性；另一方面，这种方式让人记忆深刻，容易形成稳固的安全意识与安全习惯。如安全体验馆中的综合用电体验能够让体验者学会正确用电、避免危险用电的发生。

任务 1.6　安全帽冲击体验

1.6.1　任务陈述

工人在施工现场不佩戴安全帽，是一件非常危险的事情。现在建筑工地上都有“进入施工场地必须佩戴安全帽”之类的提示标语，然而安全事故未曾停止过，因为不少人对安全帽的作用了解很少，其实佩戴安全帽有三层含义：首先是一种责任感，也是一种约束，工地安全人人有责，应时刻加强管理；其次靠安全帽来分辨人员，一般工人佩戴黄色安全帽，管理人员佩戴蓝色安全帽，领导佩戴红色安全帽；最后是安全防护用品，用来保护头部，防止高空物体坠落和碰撞。

安全帽是用来保护头部的钢制或类似原料制的浅圆顶帽子，是防止冲击物伤害头部的防护用品。它由帽壳、帽衬、下颌带和后箍组成。帽壳呈半球形，坚固、光滑并有一定弹性，打击物的冲击和穿刺动能主要由帽壳承受。帽壳和帽衬之间留有一定空间，可缓冲、分散瞬时冲击力，从而避免或减轻对头部的直接伤害。冲击吸收性能、耐穿刺性能、侧向刚性、电绝缘性、阻燃性是安全帽的基本技术性能。

安全帽撞击体验示意如图 1-36 所示。安全帽撞击体验是必不可少的，工人们可以亲自体验在特定环境下不明物体打击头部的感受。安全帽可以承受和分散落物的冲击力，并保护或减轻由于高处坠落或头部先着地面而产生的撞击伤害。安全帽撞击体验能够达到增加安全防护意识的目的，从而杜绝施工现场中的意外受伤，减少伤害。

图 1-36　安全帽撞击体验示意

1.6.2　知识准备

1.6.2.1　安全帽的种类

1．根据使用类型分类

（1）通用型安全帽。这类帽子有只防顶部的、既防顶部又防侧向冲击的两种。其具有耐穿刺特点，用于建筑运输等行业。有火源场所使用的通用型安全帽要耐燃。

（2）特殊型安全帽。

①电业用安全帽。帽壳绝缘性能很好，电气安装、高电压作业等行业使用较多。

②防静电安全帽。帽壳和帽衬材料中加有抗静电剂，用于有可燃气体或蒸汽及其他爆炸性物品的场所。

③防寒安全帽。低温特性较好，利用棉布、皮毛等保暖材料做面料，在温度不低于 -20 ℃的环境中使用。

④耐高温、辐射热安全帽。热稳定性和化学稳定性较好，在消防、冶炼等有辐射热源的场所里使用。

⑤抗侧压安全帽。机械强度高，抗弯曲能力强，用于林业、地下工程、井下采煤等行业。

⑥带有附件的安全帽。为了满足某项使用要求而带附件的安全帽。

2. 根据安全帽的材质分类

（1）玻璃钢安全帽。玻璃钢安全帽的强度和钢铁差不多，相对密度为 1.5 ～ 2.0，只有碳素钢的 1/4 ～ 1/5，拉伸强度却接近，甚至超过碳素钢，比强度可以与高级合金钢相比。如果每个建筑工人、石油工人、电气电力工人都有一个玻璃钢安全帽，那么工作就能更加安全。

（2）聚碳酸酯塑料安全帽。聚碳酸酯塑料安全帽的力学性能十分优良，具有刚而韧的优点。其冲击性能是热塑性塑料中最好的一种，比 PA、POM 高 3 倍之多，接近 PF 和 UP 玻璃钢的水平。

各岗位安全帽佩戴示意如图 1-37 所示。

图 1-37　各岗位安全帽佩戴示意

1.6.2.2　安全帽合格要求

安全帽必须符合《头部防护 安全帽》（GB 2811—2019）的规定，购买安全帽，必须检查是否具有产品检验合格证、安全生产许可证、安全设施备案证（图 1-38）。安全帽的具体要求如下：

（1）冲击吸收性能：按规定方法，经高温、低温、浸水、辐照预处理后做冲击测试，传递到头模上的力不超过 4 900 N；帽壳不得有碎片脱落。

（2）耐穿刺性能：按规定方法，经高温、低温、浸水、辐照预处理后做穿刺测试，钢锥不接触头模表面；帽壳不得有碎片脱落。

（3）下颌带的强度：按规定方法测试，下颌带断裂时的力值应为 150 ～ 250 N。

（4）电绝缘性能：按规定方法测试，泄漏电流不超过 1.2 mA。

（5）阻燃性能：按规定方法测试，续燃时间不超过 5 s，帽壳不得烧穿。

（6）侧向刚性：按规定方法测试，最大变形不超过 40 mm，残余变形不超过 15 mm，帽壳不得有碎片脱落。

（7）抗静电性能：按规定方法测试，表面电阻值不大于 1 GΩ。

（8）耐低温性能：按低温（−20 ℃）预处理后做冲击测试，传递到头模的力不超过 4 900 N；帽壳不得有碎片脱落；然后用另一样品经 −20 ℃预处理后做穿刺测试，钢锥不得接触头模表面，帽壳不得有碎片脱落。

图 1-38　安全帽示意

1.6.2.3　安全帽的正确佩戴要求

1．安全帽的组成

安全帽由帽壳、帽衬和下颌带三部分组成。

（1）帽壳。帽壳是安全帽的主要部件，一般采用椭圆形或半球形薄壳结构。这种结构在冲击压力下会产生一定的压力变形，由于材料的刚性吸收和分散受力，加上表面光滑与圆形曲线易使冲击物滑走，而减少冲击的时间。根据需要可加强安全帽外壳的强度，外壳可制成光顶、顶筋、有沿和无沿等多种形式。

（2）帽衬。帽衬是帽壳内直接与佩戴者头顶部接触部件的总称。其由帽箍环带、顶带、护带、托带、吸汗带、衬垫及拴绳等组成。帽衬的材料可用棉织带、合成纤维带和塑料衬带制成。帽箍为环状带，在佩戴时紧紧围绕人的头部，带的前额部分衬有吸汗材料，具有一定的吸汗作用。帽箍环带可分成固定带和可调节带两种。帽箍有加后颈箍和无后颈箍两种。顶带是与人头顶部相接触的衬带，顶带与帽壳可用铆钉连接，或用带的插口与帽壳的插座连接，顶带有十字形、六条形。相应设插口 4 ～ 6 个。

（3）下颌带。下颌带系在下颌上的带子，起固定安全帽的作用。下颌带由带和锁紧卡组成。没有后颈箍的帽衬，采用 Y 形下颌带。

凡进场人员都必须正确佩戴安全帽，作业中不得将安全帽脱下。正确佩戴安全帽的方法：帽箍底边至人头顶端高度为 80 ～ 90 mm，安全帽抵抗冲击的能力必须符合国家相关标准的规定。

2．佩戴安全帽的注意事项

正确佩戴安全帽，必须做到以下 4 点：

（1）佩戴安全帽前应将帽箍环带按自己头型调整到适合的位置，然后将帽内弹性带系牢。缓冲衬垫的松紧由带子调节，人的头顶和帽体内顶部的空间垂直距离一般为 25 ~ 50 mm，至少不要小于 32 mm。这样才能保证遭受到冲击时，帽体有足够的空间可供缓冲，平时也有利于头和帽体间的通风（图 1-39）。

（2）安全帽的下颌带必须扣在颌下并系牢，松紧要合适。这样不至于被大风吹掉，或者被其他障碍物碰掉，或者由于头的前后摆动使安全帽脱落。

（3）安全帽必须戴正、戴稳，不要把帽檐戴在脑后方。否则会降低安全帽对冲击的防护作用。

（4）安全帽在使用过程中会逐渐损坏，要定期或不定期进行检查，如果发现开裂、下凹、老化、裂痕和磨损等情况，就要及时更换，确保使用安全。

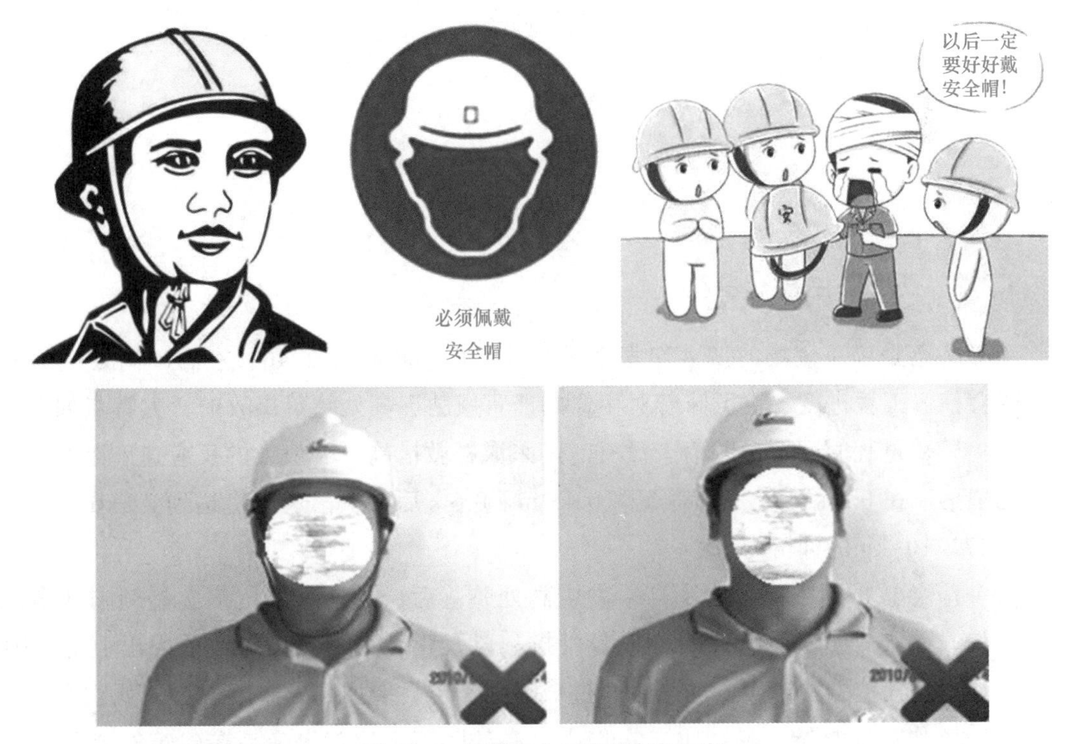

图 1-39　佩戴安全帽注意事项示意

1.6.3　任务实施

安全帽冲击体验的目的主要有两个，一是熟知安全帽的正确佩戴方法及佩戴安全帽的重要性，使职工认识到正确佩戴安全帽是一种责任也是一种形象，是展示建筑工人风采的窗口，无论谁在何种作业环境下均必须正确佩戴安全帽；二是体验佩戴安全帽对物体打击所减轻的效果，使职工切实感受到安全帽对作业人员受到坠落物、硬质物体的冲击及挤压时，减少冲击力，消除或减轻其对人体头部的伤害的重要作用，增强职工的自身安全防护意识，做到安全文明施工。

（1）安全帽撞击体验设置为四人用含带遥控装置，尺寸一般为长 3.8 m× 宽 1 m× 高 2.8 m，可根据现场实际尺寸调节。

（2）先根据体验人的身高正确选择体验位置，体验时正确佩戴安全帽后直立在选定位置，让体验者站在指定的位置（千万不能抬头向上看），在这个特殊的环境里，体验真实或想象的危险的不安或不良状态，上端有一实心圆球，在注意力分散的时候由他人开启遥控或手动按钮，圆球自由落下撞击安全帽，感受在高空落物时安全帽起到的安全保护作用，加深对正确使用安全帽的重要性的认识。

（3）通过体验，让每个体验者深刻地感受到安全帽承受的撞击的力量，让体验者深刻感受到一种强烈而压抑的情绪，体验时精神高度紧张，内心充满害怕，注意力无法集中，脑子一片空白，不能正确判断和控制自己的行为，认识到不戴安全帽所带来的极大危害，从而养成正确佩戴安全帽的好习惯。

任务 1.7　洞口坠落体验

1.7.1　任务陈述

高处坠落是施工现场的四大伤害之一，且死亡率较高，在 40% 左右。高处坠落事故不仅会拖慢工程进度，更意味着对生命的严重威胁。高处坠落事故的三大特点如下：

（1）坠落过程时间短，坠落者没有时间采取补救措施。一般人的反应速度是 0.8 s，而一旦坠落，在 0.3 s 内，工人将下落 0.45 m，0.6 s 后，下落速度将达到 21 km/h，产生约 1.07×10^5 kg 的冲击力。

（2）应急救护困难，死亡率高。发生高处坠落后，受伤害部位依次是颅脑外伤、脊髓损伤、颈椎骨折、骨盆骨折、股骨骨折，以及腹腔脏器破裂导致的内出血等，因发现不及时、救护方法错误、送医时间过长等因素也会增加高处坠落人员的死亡率。

（3）工作环境复杂，易产生二次伤害。高处坠落事故首先最易在建筑安装登高架设作业过程中与脚手架、吊篮处、使用梯子登高作业时及悬空高处作业时发生。其次是在“四口五临边”处，涉及人员较多，且高处坠落发生后，易发生被下方物体戳伤、溺水、触电等二次伤害。

洞口坠落体验是让体验者经过切身坠落体验，充分了解开口部位的危险性，增强自我保护意识，洞口坠落体验的主要目的：一是使职工充分了解开口部的危险性，增强自我保护意识，做到不违章作业不冒险作业；二是将高处坠落事故应急演练融入其中，有针对性地检验此类安全事故的应急管理和应急响应程序，及时有效地实施应急救援工作；三是最大限度地减少高处坠落人员伤亡和财产损失，提高全员的安全生产意识。

1.7.2 知识准备

1.7.2.1 洞口安全作业防护要求

1．洞口边长小于 0.5 m 时

楼板配筋不要切断，用木板覆盖洞口，盖板上喷绘“洞口防护盖板，禁止挪动”字样并固定（图 1-40）。

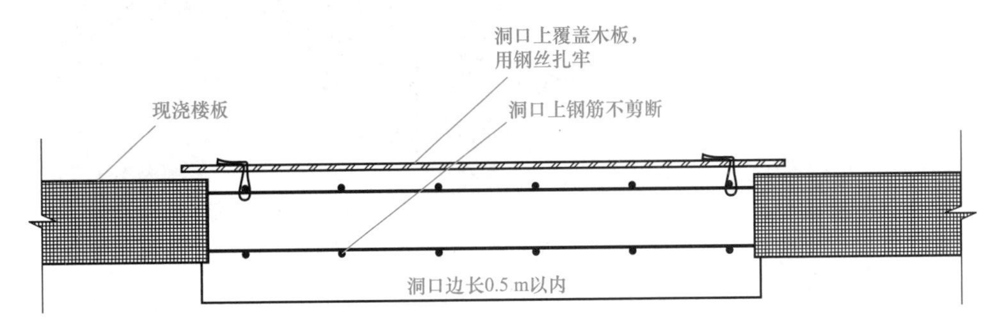

图 1-40　洞口防护示意（边长小于 0.5 m）

2．洞口边长为 0.5 ～ 1.5 m 时

洞口四周用钢管搭设防护栏杆，外钉踢脚板，洞口内挂安全网，并且在上面放置“当心坠落”安全标志（图 1-41）。

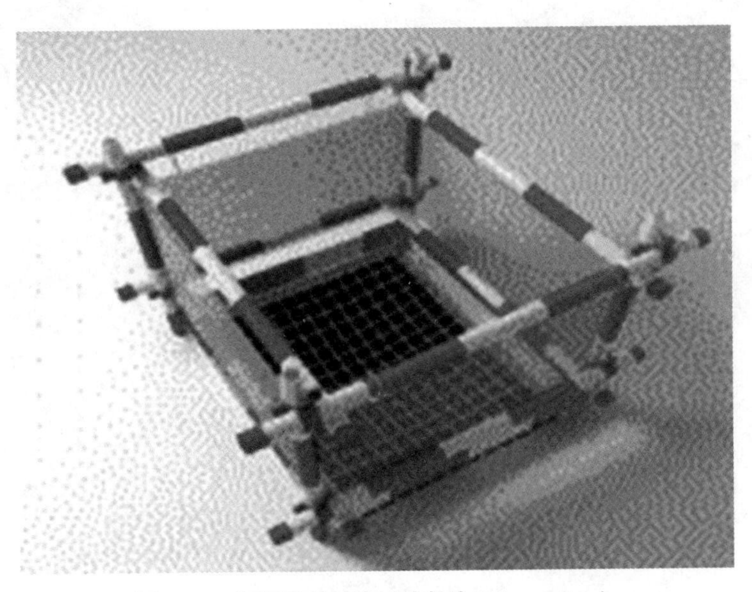

图 1-41　洞口防护示意（边长为 0.5 ～ 1.5 m）

3．洞口边长在 1.5 m 以上时

在上述“边长为 1.5 m 以内洞口”防护基础上，立杆两边对中间加密一道，并在洞口正上方加拉水平方向的拉接杆，洞口内张设安全平网两道（图 1-42）。

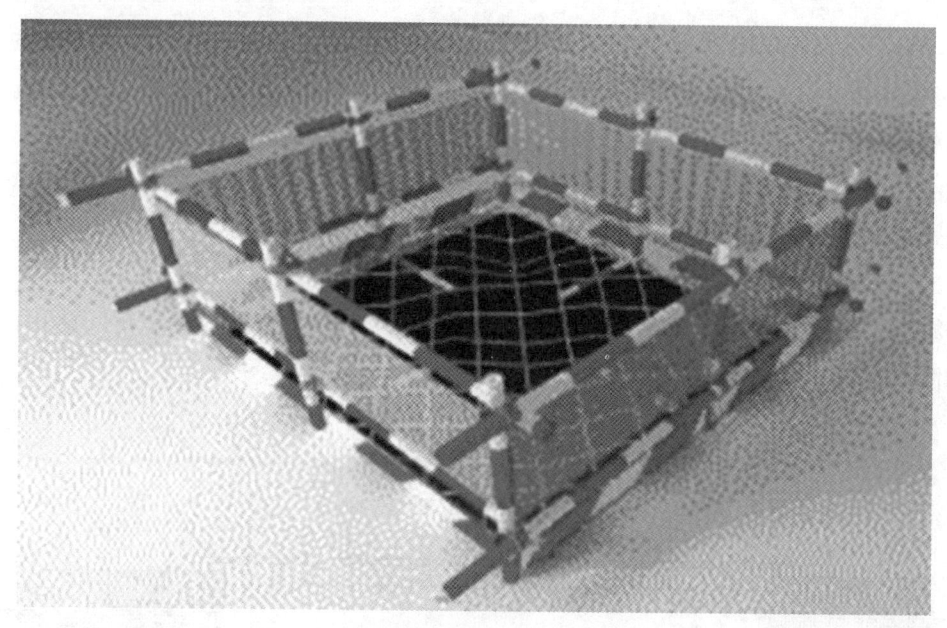

图 1-42　洞口防护示意（边长大于 1.5 m）

4．楼梯口

用钢管埋设或在留设的预埋铁块上方用电焊接制护栏，楼梯口设 1.2 m 高的定型化、工具化、标准化的防护栏杆，18 cm 高的踢脚板，栏杆的横杆设为两道（图 1-43）。

图 1-43　楼梯口防护示意

5．电梯井口

设置定型化、工具化、标准化的防护门，门口设置 20 cm 高档脚板，在电梯井内每两层张设一道安全平网（图 1-44）。

图 1-44　电梯井口防护示意

1.7.2.2　洞口坠落体验的注意事项

洞口坠落体验是让体验者经过切身掉落体验，充分了解开口部位的危险性，增强自我保护认识，切忌为了洞口坠落体验而产生安全事故，为确保洞口坠落体验安全展开，必须注意以下几点：

（1）在选择洞口坠落安全体验场所时，选用国家相关部门认可的正规体验中心。

（2）伤害事故发生的一个主要原因是部分不符合体验规定的人员参与了体验。在进行安全体验时，要严格按照体验流程进行。不符合体验规定的人员，严禁参与体验。

（3）体验人员年龄应在 18 周岁以上、45 周岁以下，身体健康。有恐惧心理、冠心病、高血压、骨质疏松症的人员禁止体验。

（4）现场指导人员必须对体验者进行心理疏导和鼓舞，消除体验者的紧张情绪。

（5）要求体验人员对四肢及膝盖进行热身，按安全操作流程进行体验。采取双手抱胸、双腿曲膝下蹲掉落的姿势，降低人体重心，减少对腰椎的冲击力，两脚略宽于肩宽，身体略微前倾，保持全身放松姿势，这有助于体验者掉落到位时的身体平衡，避免掉落体验时对人体造成伤害。

（6）每次体验前要检查铺设物是否平整、设备运转是否正常。

（7）安全体验培训，必须由专业人员指导全部体验过程。

1.7.3　任务实施

洞口坠落体验主要应用在高处作业，有了洞口坠落体验，就能提高工人的安全意识和安全防范水平，真正重视安全问题。

高空坠落事故发生的原因：一是没有正确佩戴安全帽、安全带；二是违反安全操作规范；三是工人缺乏安全意识和应急思维；四是现场检查不到位，安全隐患未及时发现。

洞口坠落体验一般都是体验人员从高度大于 2 m 的洞口或平台等高处坠落下来，为了充分考虑体验过程的安全，洞口开关门采取大洞口双路电动控制，体验设施内部采用全软包防护，落地处有足够厚的海绵垫进行保护，减小坠落带来的伤害。每次体验前都要检查铺设物是否平整、设备运转是否正常，再由专业人员指导全部体验过程。

洞口坠落体验步骤如下（图 1-45）：

（1）一个人体验完后立即关闭洞口，待设备自动充气 10 s 以上再进行下一位体验。

（2）体验者体验之前将膝盖和四肢进行热身。

（3）体验者戴好安全帽，脱鞋进入洞口体验平台。

（4）体验者两脚分别踩在洞口开关门的两扇门上。

（5）确定站立位置，采取双手抱胸、双腿曲膝下蹲坠落的姿势，降低人体重心，减少对腰椎的冲击力。

（6）确定站立好后静置 2 ～ 3 s，启动洞口电动控制系统打开坠落口。

（7）体验者在洞口打开直至身体完全坠落过程中保持上述第（5）步姿势不变，切忌张开双手，两腿乱伸。

（8）坠落在海绵垫子上后静止 1 ～ 2 s，进行自我呼吸、心理调整。

（9）缓缓坐起，穿鞋离开体验区。

图 1-45　洞口坠落体验示意

任务 1.8　安全带使用体验

1.8.1　任务陈述

安全带是预防高处作业工人坠落事故的个人防护用品，由带子、绳子和金属配件组成，总称安全带。安全带主要包括围杆作业安全带、区域限制安全带、坠落悬挂安全带三种。在建筑施工现场主要使用坠落悬挂安全带，它是全身式安全带，主要功能是高处作业时穿在作业者身上，通过连接设备连接铺点起到防坠作用（图 1-46）。在现实生活中，由于建筑施工人员对安全带的作用认识不到位，在施工作业中存在大量不系安全带的违章行为，这是目前建筑施工人员受事故伤害的主要原因。因此，加强对建筑施工人员正确使用安全带的教育培训十分必要，这也是本任务要重点解决的问题。

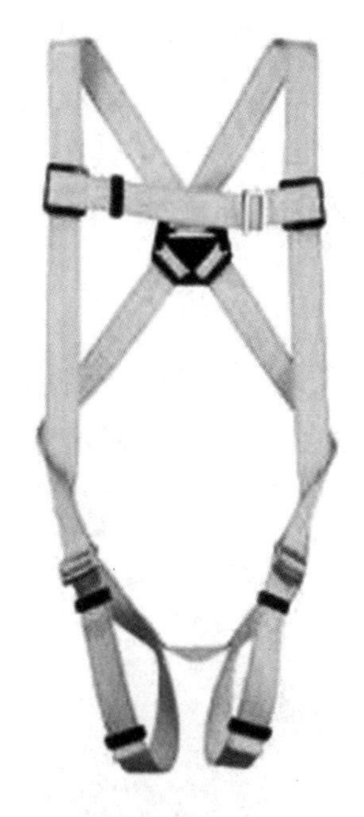

图 1-46　安全带示意

1.8.2　知识准备

1.8.2.1　佩戴安全带的注意事项

（1）每次使用安全带时，应查看标牌及合格证，检查尼龙带有无裂纹，连线处是否牢靠，金属件有无缺少、裂纹及锈蚀情况，安全绳应挂在连接环上使用。

（2）安全带应“高挂低用”，并防止摆动、碰撞，避开尖锐物质，不能接触明火。

（3）作业时应将安全带的钩、环牢固地挂在系留点上。

（4）在低温环境中使用安全带时，要注意防止安全带变硬割裂。

（5）使用频繁的安全绳应经常做外观检查，发生异常时应及时更换新绳，并注意加绳套的问题。

（6）不能将安全带打结使用，以免发生冲击时安全绳从打结处断开，应将安全挂钩挂在连接环上，不能直接挂在安全绳上，以免发生坠落时安全绳被割断。

（7）安全带使用两年后，应按批量购入情况进行抽检，围杆带做静负荷试验，安全绳做冲击试验，无破裂可继续使用，不合格品不能继续使用，对抽样过的安全带必须重新更换安全绳后才能使用，更换新绳时注意加绳套。

（8）安全带应储存在干燥、通风的仓库内，不准接触高温、明火、强酸、强碱和尖利的硬物，也不要暴晒。搬动时不能用带钩刺的工具，运输过程中要防止日晒雨淋。

（9）安全带应该经常保洁，可放入温水中用肥皂水轻轻擦，然后用清水漂净，最后晾干。

（10）安全带上的各种部件不得任意拆除，更换部件时，应选择合格的配件。

（11）不准将绳打结使用，也不准将钩直接挂在安全绳上使用，应挂在连接环上使用。

（12）安全带使用期为 3 ～ 5 年，发现异常应提前报废。在使用过程中，也应注意查看，在半年到一年内要试验一次。以主部件不损坏为要求，如发现有破损变质情况及时反映，并停止使用。

1.8.2.2 安全带正确佩戴方法

高空作业时，佩戴全身安全带是一项很重要的工作，它能保障使用者的人身安全。下面介绍全身安全带的穿戴方法。图 1–47 所示为正确的穿戴方法。

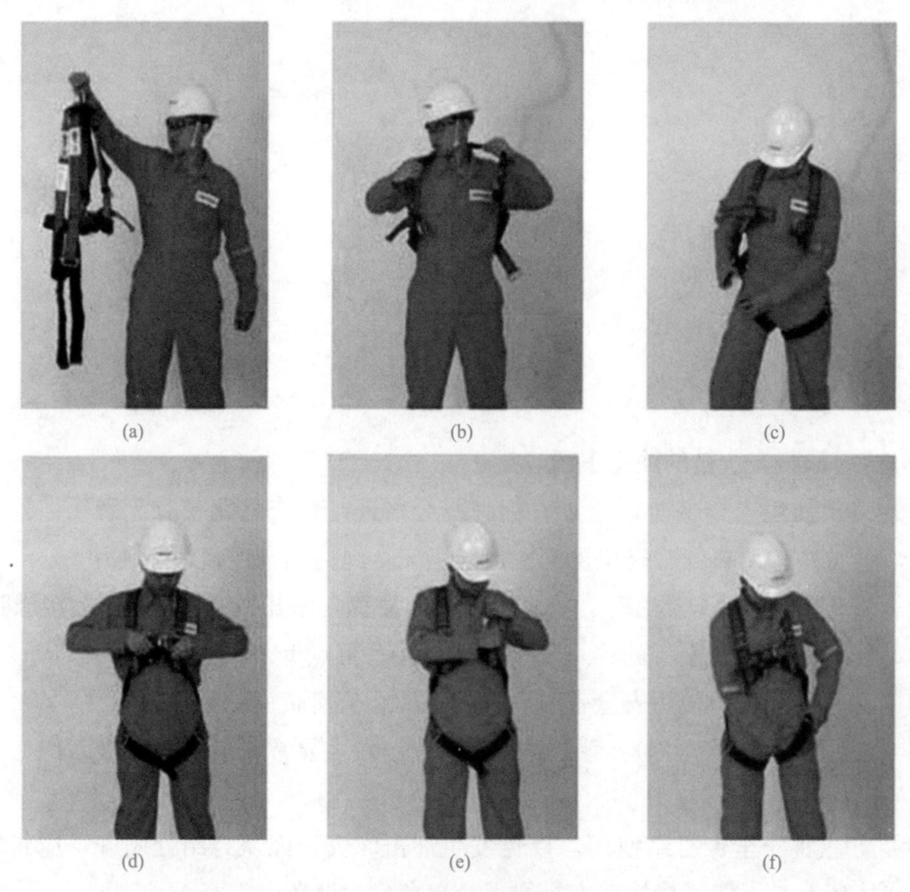

(a) (b) (c) (d) (e) (f)

图 1–47 安全带正确佩戴方法示意

（a）检查；（b）穿上身织带；（c）穿腿部织带；（d）穿胸部织带；（e）、（f）调整

（1）检查安全带。握住安全带背部衬垫的 D 形环扣，保证织带没有缠绕在一起，如图 1–47（a）所示。

（2）开始穿戴安全带。将安全带滑过手臂至双肩，保证所有织带没有缠结，自由悬挂。肩带必须保持垂直，不要靠近身体中心，如图 1-47（b）所示。

（3）抓住腿带，将它们与臀部两边的织带上的搭扣连接。将多余长度的织带穿入调整环中，如图 1-47（c）所示。

（4）穿胸部织带。将胸带通过穿套式搭扣连接在一起。胸带必须在肩部以下 15 cm 的地方，多余长度的织带穿入调整环，如图 1-47（d）所示。

（5）调整安全带，如图 1-47（e）、（f）所示。

①肩部：从肩部开始调整全身的织带，确保腿部织带的高度正好位于臀部的下方，背部 D 形环位于两肩胛骨之间。

②腿部：对腿部织带进行调整，试着做单腿前伸和半蹲，调整使用的两侧腿部织带长度相同。

③胸部：胸部织带要交叉在胸部中间位置，并且大约离开胸部底部 3 个手指宽的距离。

1.8.2.3 三点式、五点式安全带体验

在当前建筑施工环境中，如何更好地对从业人员进行安全教育成为重要问题。还有相当一部分人安全意识淡薄，究其原因还是这些人在安全上缺少体验和观察，只有见得多了，经历得多了才能深刻感受到安全是多么重要。通过工人的亲身体验，把安全措施从冰冷的文字变成切身真实的感受，提高员工对安全的深刻认识，从而达到降低事故率的目的。为从业人员提供一种接近真实的模拟安全体验，达到降低事故率的目的，提升安全管理效果，从而提高企业的竞争力。

1．三点式安全带

三点式安全带如图 1-48 所示。

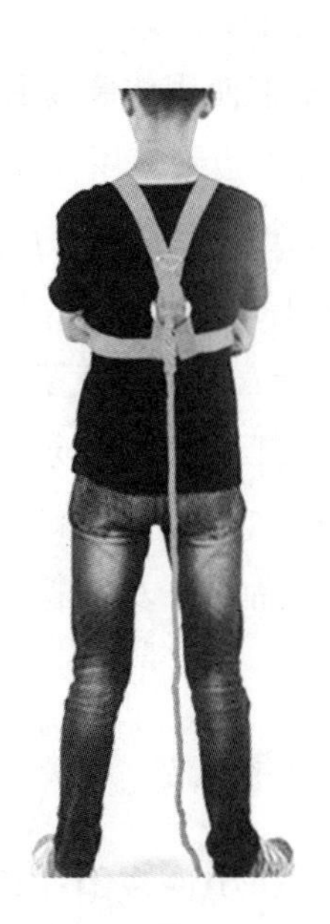

图 1-48　三点式安全带示意

2．五点式安全带

高空作业安全带又称全身式安全带或五点式安全带（图 1–49），《安全带》（GB 6095—2009）规定，安全带材质需使用涤纶及更高强度的织带加工而成。全身式安全带是高处作业人员预防坠落伤亡的防护用品。其由带体、安全配绳、缓冲包和金属配件组成，总称坠落悬挂安全带。

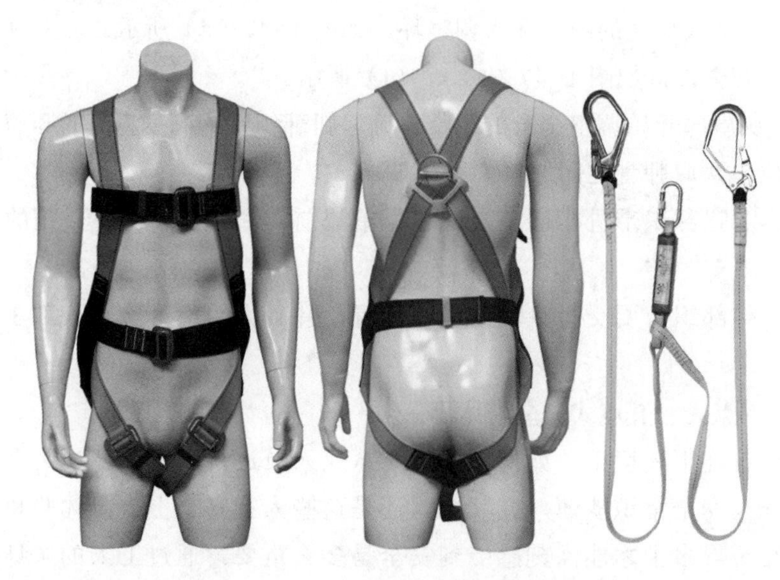

图 1–49　五点式安全带示意

3．安全带的体验

（1）需要正确穿戴安全带。如何正确穿戴、使用安全带，当安全带上升下落的过程中遇到不良感受时应如何处理，通过亲身体验培训，感受安全带的重要性，体验不同危险及不良感受，达到安全教育培训的目的。

（2）安全带使用体验是将安全带的使用环境及正确的使用方法融合于体验活动中，让体验带切实体验到使用安全带在上升下降过程中不同的恐怖或不良的感受，从而认识到正确使用安全带的重要性，减少坠落事故的发生，实现安全文明施工。

（3）使用原则。首先，要遵循“高挂低用”的原则，即安全带的悬挂位置要高于人员作业的位置，当有坠落发生时，实际冲击距离减小，对腰部的伤害也会相应减轻。其次，悬挂安全带必须有可靠的锚固点，不可把挂钩扣在可活动的物件上，避免发生在空中摆动，从而撞到其他物体产生伤害的现象。最后，选择安全带时一定要选择正规厂家出品的，及时检查安全带的损坏情况，妥善保管，如有损坏应及时更换停止使用。

1.8.3　任务实施

在安全带使用体验中，体验者可穿上安全带进行坠落体验，从而使体验者体验到在上升下降过程中的恐怖或不良的感受并认识安全带的重要作用，如图 1–50 所示。

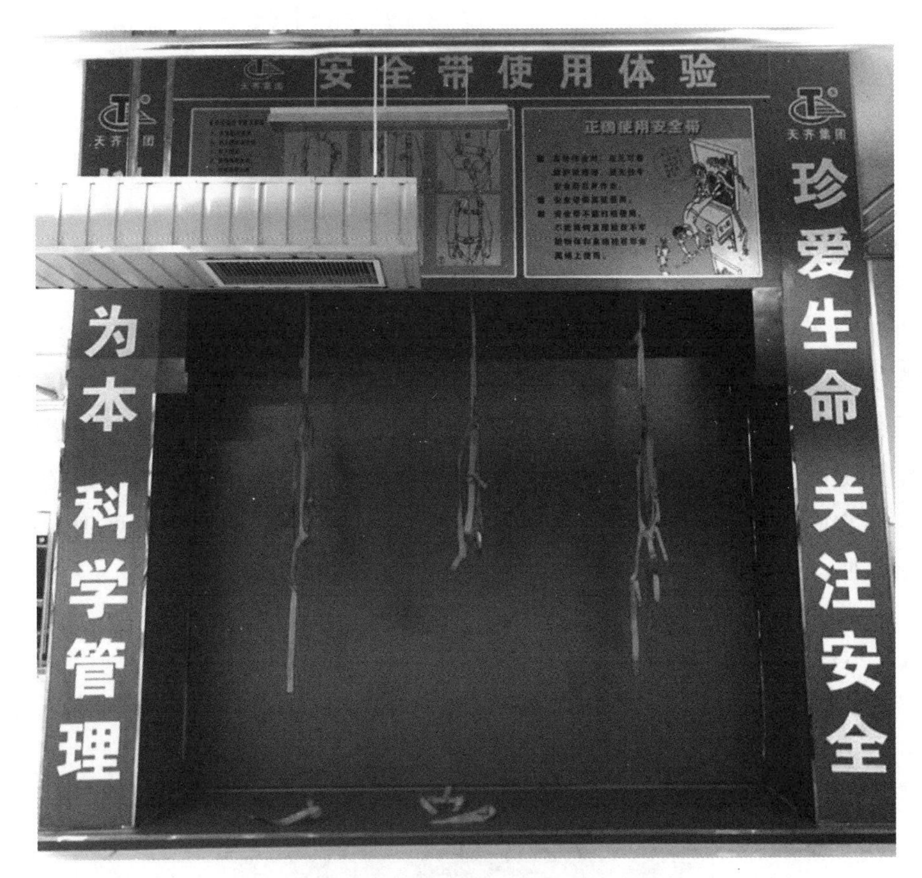

图 1-50　安全带使用体验示意

（1）体验者正确穿戴个人安全防护用品。

（2）由培训师讲解施工现场常见坠落类型与安全带对身体防护的意义。

（3）体验者佩戴安全带，并检查佩戴是否正确。

（4）提升机将体验者提起，下降时突然停止，体验坠落时安全带的保护作用，目的是让体验者了解安全带的正确佩戴方法。

5．注意事项

（1）体验者需在专业人员的帮助下进行体验，凡是患有高血压、冠心病、心脏病、恐高症等疾病的人员严禁进行体验。

（2）使用前检查各部分是否完后无损，握住安全带背部衬垫 D 形环扣，保证织带没有缠绕在一起。

（3）将安全带滑过手臂至双肩。肩带必须保持垂直，不要靠近身体重心。

（4）抓住腿带，将它们与臀部两边的织带上的搭扣连接。将多余长度的织带穿入调整环中。

（5）将胸带通过穿套式搭扣连接在一起。胸带必须在肩部以下 15 cm 的地方，多余长度的织带穿入调整环。

（6）在悬吊过程中，如出现身体不适等症状，应及时告知管理人员。

任务 1.9　垂直爬梯倾倒体验

1.9.1　任务陈述

垂直爬梯（图 1-51）倾倒体验是非常重要的一项安全体验项目，可以让施工人员更好地掌握基本安全知识、了解正确攀爬的步骤和方法。垂直爬梯倾倒体验主要是让施工人员体验倾倒平台重心偏移时瞬间倾倒的感觉，真实地感受到垂直爬梯倾倒的危险性，全面提高施工人员的安全意识，所以，爬梯要设定合理的步距，攀爬起来舒适安全，安装牢固，使用材料合格，避免采用锈蚀伪劣产品，应做防腐处理，让施工现场违章率降低，并能更好地满足施工安全的需要。

图 1-51　垂直爬梯示意

1.9.2　知识准备

1.9.2.1　攀登作业安全防护要求

在施工现场，凡借助登高用具或登高设施，在攀登条件下进行的高处作业，都称为攀登作业。攀登作业容易发生危险，因此在施工过程中，各类人员都应在规定的通道内行走，不允许在阳台间与非正规通道做登高或跨越，也不能利用旁架或脚手架杆件与施工设备进行攀登。

1．登高用梯的使用要求

攀登作业必须使用的工具有各种梯子，不同类型的梯子参数都有国家标准及规定和要求，如角度、斜度、宽度、高度、连接措施、拉攀措施和受力性能等。供人上下的踏板，其负荷能力即使用荷载，现规定为 1 100 N，是以人及衣物的总重量作为 750 N 乘以动荷载安全系数 1.5 而定的。这样就同时规定了过于胖重的人不宜进行攀登作业。对梯子的要求如下：

（1）不得有缺档，因其极易导致失足，尤其对过重或较弱的人员危险性更大；

（2）梯脚底部除须坚固外，还须采取包紧、钉胶皮、锚固或夹牢等措施，以防滑跌倾倒；

（3）接长时，接头只允许有一处，且连接后梯梁强度不变；

（4）常用固定式直爬梯的材料、宽度、高度及构造等许多方面，标准内都有具体规定，不得违反；

（5）上下梯子时，必须面向梯子，且不得手持器物。

另外，移动式梯子种类很多，使用也最频繁，往往随手搬用，不加细察。因此，除新梯在使用前须按照现行的国家标准进行质量验收外，还须经常性地进行检查和检修。各种梯子构造细节和具体要求，在制作时都必须遵守相关国家标准的规定。

2．钢结构安装用登高设施的防护要求

钢结构吊装和安装时操作工人需要登高上下。除人身的安全防护用品必须按规定佩戴齐全外，对不同的结构构件的施工，有着不同的安全防护措施。一般有以下几种：

（1）网柱安装登高时，应使用钢柱挂梯或设置在钢柱上的爬梯，钢柱的接长应使用梯子或操作平台。

（2）登高安装钢梁时，应视钢梁高度，在两端设置挂梯或搭设脚手架，梁面上需行走时，其一侧的临时护栏、横杆可采用钢索。当改用扶手绳时，绳的自然下垂度不应大于 $L/20$（L 为绳长），并应控制在 10 cm 以内。

（3）在钢屋架上下弦登高作业时，在三角形屋架的屋脊处，梯形屋架的两端，设置攀登时上下用的梯架，其材料可选用毛竹或原木，踏步间距不大于 40 cm，毛竹梢径不小于 70 cm。

屋架吊装以前，应事先在上弦处设置防护栏杆，下弦挂设安全网，吊装完毕后，即将安全网铺设固定。

1.9.2.2　垂直爬梯的使用

由于钢结构施工的原因，上下通道常使用钢爬梯，钢爬梯垂直挂设，危险性较大，为了加强对爬梯安全管理，确保施工人员人身安全，特制定如下爬梯使用注意事项：

（1）爬梯制作牢固、可靠，挂设牢固，无尖锐棱角，涂刷警示黑黄漆，经常使用爬梯需设置防护栏，多点焊接或捆绑在钢柱上，防止脱落及上下左右摇摆；

（2）施工人员必须衣着灵便。禁止穿硬底鞋、拖鞋、高跟鞋、皮鞋和易滑的鞋，或赤脚进行高处作业；

（3）上下爬梯严禁打电话、玩手机或做与工作无关的事；

（4）爬梯上方挂设防坠器，上下爬梯必须戴好安全帽、系好安全带，并将安全带挂在防坠器上；

（5）攀爬爬梯时，手中不得携带任何材料或工具；

（6）一次只能允许一个人上下爬梯，严禁多人同时上下爬梯；

（7）夜间上下爬梯时，必须有足够的照明，楼层空洞处应有明显的警示标志；

（8）患有心脏病、高血压、癫痫或恐高症的人员严禁上下爬梯作业；

（9）雨、雪及冰冻天气上下爬梯必须采取防滑措施，遇 6 级以上大风、暴雨、大雪等恶劣气候影响施工时，应停止登高爬梯作业；

（10）上下爬梯需经项目部验收合格，安全管理人员同意后方可投入使用。

1.9.3 任务实施

垂直爬梯（图 1-52）倾倒体验是建筑工人通过亲身参与、体验，寓教于乐，让每个工人都有实际操作的动手能力，真正达到“预防为主”为目的。垂直爬梯倾倒体验流程如下：

图 1-52 垂直爬梯示意

（1）培训师向参与垂直爬梯倾倒体验的体验者讲解建筑施工现场关于垂直爬梯的相关规范。

（2）体验者面朝梯子爬上操作架平台，在这个过程中身体要保持平衡，减少晃动，同时注意脚底不能打滑。如果天气过于炎热，太阳暴晒之后梯子非常烫，体验者可以佩戴手套进行攀爬。

（3）体验者系好安全带，爬上垂直爬梯，上到一定高度时，爬梯自动向外倾倒，体验者身体也跟着倾倒，让体验者体验爬上垂直爬梯时不系安全带的后果和注意事项。

任务 1.10　移动式操作架倾倒体验

1.10.1　任务陈述

移动式操作架（脚手架）是一种高空作业工程的专用设备。此设备外形尺寸小、质量轻、移动灵活方便、作业安全可靠（图 1-53）。它既是施工设施也是安全设施。在作业现场，第一眼看到的往往是操作架，所以，它是施工环节中的关键设施，必须全力抓好安装固定到安全使用的全过程，这也是本任务要重点解决的问题。

图 1-53　移动式操作架示意

1.10.2　知识准备

1.10.2.1　规范的移动式操作架安装要求

1．安装前的准备（图 1-54）

（1）技术人员要对操作架（脚手架）搭设及现场管理人员进行技术、安全交底，未参加交底的人员不得参与搭设作业；操作架搭设人员须熟悉脚手架的设计内容。

（2）对钢管、扣件、脚手板、爬梯、安全网等材料的质量、数量进行清点、检查、验收，确保满足设计要求，不合格的构配件不得使用，材料不齐时不得搭设，不同材质、不同规格的材料、构配件不得在同一脚手架上使用。

（3）清除搭设场地的杂物，在高边坡下搭设时，应先检查边坡的稳定情况，对边坡上的危石进行处理，并设专人警戒。

（4）根据脚手架的搭设高度、搭设场地地基情况，对脚手架基础进行处理，确认合格后按设计要求放线定位。

（5）对参与脚手架搭设和现场管理人员的身体状况要进行确认，凡有不适合从事高处作业的人员不得从事脚手架的搭设和现场施工管理工作。

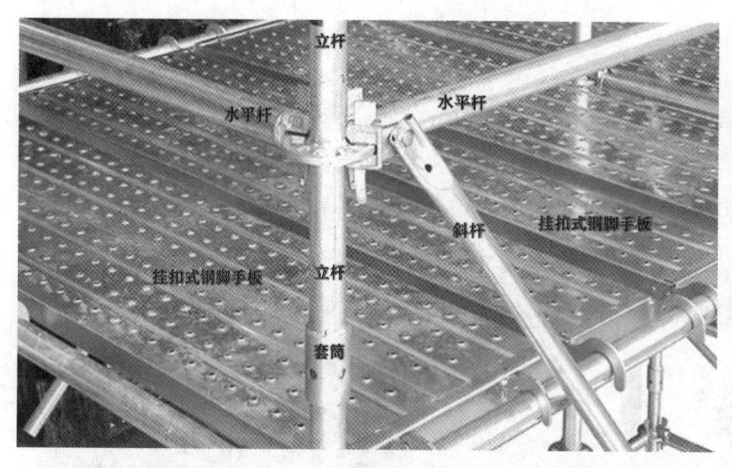

图 1-54　移动式操作架安装搭设

2．搭设要求及搭设步骤（图 1-55）

（1）操作架的搭设必须按照经过审批的方案和现场交底的要求进行，严禁偷工减料，严格遵守搭设工艺，不得将变形或校正过的材料作为立杆。

（2）在操作架搭设过程中，现场须有熟练的技术人员带班指导，并有安全员跟班检查监督。

（3）操作架搭设过程中严禁上下交叉作业。要采取切实措施保证材料、配件、工具传递和使用安全，并根据现场情况在交通道口、作业部位上下方设安全哨监护。

（4）操作架须配合施工进度搭设，一次搭设高度不得超过相邻连墙件（锚固点等）以上两步。

（5）在操作架搭设中，跳板、护栏、连墙件（锚固、揽风等）、安全网、交通梯等必须同时跟进。

①插入可调脚，安装脚轮；锁定脚轮，将可调脚插入立杆。

②由下而上安装小横杆，然后安装小斜杆，完成最小两套纵向框架

③扶起框架，安装底层的大横杆；然后连接两个框架，并调节可调架至水平，使塔架垂直。

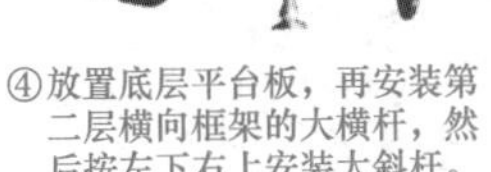

④放置底层平台板，再安装第二层横向框架的大横杆，然后按左下右上安装大斜杆。

⑤安装外支撑，稳定脚手架。

⑥继续往上安装立杆，并锁上弹簧扣。

⑦安装梯子和第二层平台板。

⑧移至第二层平台板安装第三层框架；按常规搭建第二层时，工作人员应配戴系于独立安全支点上的安全带。

⑨安装此层的大、小斜杆，按先大后小顺时针安装。

⑩在前一把梯安装的反方向安装第二把梯，重复⑥～⑨步骤，直至搭建所需的高度。

⑪最后于工作台上安装踢脚板。

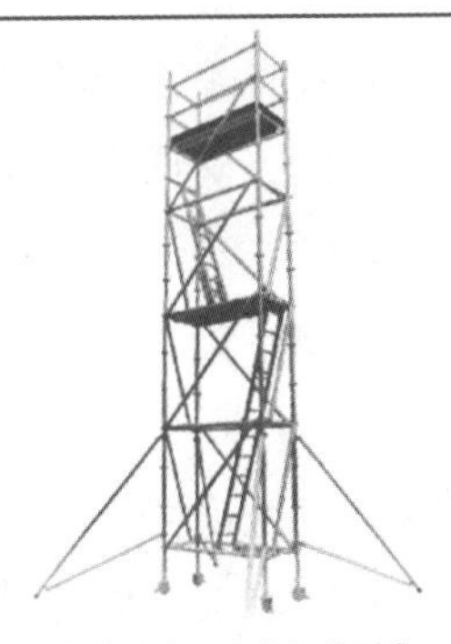

⑫中层休息平台：安全标准要求休息平台间距不得大于4 m。当塔架高度搭建到需要安装休息平台时，还要安装护栏。

图 1-55　移动式操作架搭设流程

3．技术要求

（1）操作架在满足构架尺寸的使用要求的同时，应满足以下安全要求：

①构架结构稳定，构架单元不缺基本的稳定构造杆部件；整体按规定设置斜杆、剪刀撑、连墙件或撑、拉、提件；在通道、洞口及其他需要加大尺寸（高度、跨度）或承受超规定荷载的部位，根据需要设置加强杆件或构造。

②连接结点可靠，杆件相交位置符合结点构造规定；连接件的安装和紧固在符合要求。

③操作架钢管按设计要求进行搭接或对接，端部扣件盖板边缘至杆端距离不应小于 100 mm，搭接时应采用不少于 2 个旋转扣件固定，无设计说明时搭接长度不应小于 50 cm（模板支撑架立杆搭接长度不应小于 1 m）。

（2）基础（地）和拉撑承受结构。

①操作架立杆的基础（地）应平整夯实，具有足够的承载力和稳定性，设于坑边或台上时，立杆距坑、台的边缘不得小于 1 m，且边坡的坡度不得大于土的自然休止角，否则应做边坡的保护和加固处理。

②操作架立杆之下不平整、坚实或为斜面时，须设置垫座或垫板。

③操作架的连墙点（锚固点）、撑拉点和悬空挂（吊）点必须设置在能可靠地承受撑拉荷载的结构部位，必要时须进行结构验算，设置尽量不影响后续施工，以防止在后续施工中被人为拆除。

1.10.2.2 使用前检查

脚手架由项目部指定的安全员进行安全交底并完成安全检查后方可使用，使用前检查内容如下：

（1）检查确认脚轮及刹车正常；

（2）检查确认所有门架无锈蚀，无开焊，无变形，无损伤；

（3）检查确认交叉杆无锈蚀，无变形，无损伤；

（4）检查确认所有连接件连接牢固，无变形，无损伤；

（5）检查确认脚踏板无锈蚀，无变形，无损伤；

（6）检查确认安全围栏安装牢固，无锈蚀，无变形，无损伤；

（7）脚手架上作业人员必须穿防滑鞋，穿工作服，系牢安全带，高挂低用，锁牢所有扣件；

（8）施工现场所有人员必须佩戴安全帽，系好下颌带，锁好带扣；

（9）作业人员应提前佩戴工具包，禁止把工具放在架子上，以防止掉落伤人；

（10）严禁酒后上岗，严禁患有高血压、心脏病、癫痫病、恐高症等不适宜登高疾病的作业人员上架子施工；

（11）施工操作架使用前检查警示线和警示标语（非施工人员，禁止入内）是否完备。

1.10.3　任务实施

移动式操作架倾倒体验是建筑工人通过亲身参与、体验，每个工人都有实际操作的动手能力，真正达到以“预防为主”为目的（图 1-56）。移动式操作架倾倒体验流程如下：

（1）培训师向参与移动式操作架倾倒体验的体验者讲解建筑施工现场关于移动式操作架的相关规范。

（2）体验者面朝梯子爬上操作架平台，在这个过程中身体要保持平衡，减少晃动，同时注意脚底不能打滑。如果天气过于炎热，太阳暴晒之后梯子非常烫，体验者可以佩戴手套进行攀爬。

（3）体验者在操作架平台上的时候不可随意走动，抓紧两侧扶手。

（4）启动倾倒按钮，让施工人员体验倾倒平台重心偏移时瞬间倾倒的感觉。

图 1-56　移动式操作架倾倒体验

任务 1.11　吊运作业体验

1.11.1　任务陈述

塔式起重机是建筑工地上最常用的一种起重设备，以一节一节的接长（高）（简称“标准节”）来起吊施工使用的钢筋、木楞、混凝土、钢管等原材料。塔式起重机是工地上一种必不可少的设备。近年来，施工现场塔式起吊机事故频频发生，不仅造成人员伤亡，也带来巨大的经济损失，规范塔式起重机作业的必要性不言而喻，本任务将对吊运作业进行说明（图 1-57）。

图 1-57　吊运作业示意

1.11.2　知识准备

1.11.2.1　塔式起重机构造

按作用和工作性质区分，塔式起重机一般由结构部分、机构部分、电气及安全装置几部分组成。

1．结构部分

结构部分主要由底架、塔身、回转支座、塔顶、平衡臂、吊臂、司机室、梯子与平台、顶升套架和横梁组成（图 1-58）。

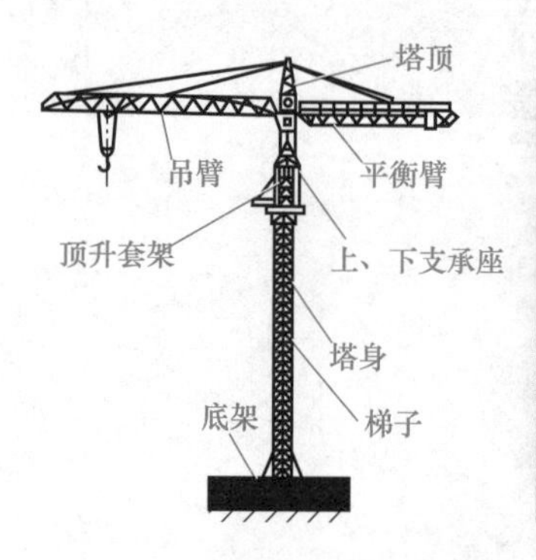

图 1-58　塔式起重机结构组成

（1）底架。底架是塔式起重机中承受全部荷载的最底部结构件。

（2）塔身。大多数塔式起重机的塔身都是空间桁架结构，塔身节的连接形式主要有高强度螺栓、抗剪螺栓、横向销轴、瓦套连接等。

（3）回转支座。回转支座一般由回转平台、回转支承、固定支座（或为底架）组成。

（4）塔顶。塔顶的形式一般可分为刚性的和可摆动的两种。其主要作用是支承吊臂。

（5）平衡臂。平衡臂的作用如下：

①放置配重，产生后倾力矩以便在工作状态减少由吊重引起的前倾力矩，在非工作状态减少强风引起的前倾力矩，并保证其抗倾翻稳定性；

②在采用可摆动塔顶撑杆时，平衡臂还要对塔顶撑杆起支持作用；在采用固定塔顶时，平衡臂则是靠塔顶来支持的。

（6）吊臂。吊臂可分为动臂变幅式和小车水平变幅式。小车水平变幅臂架，为了减轻自重，截面大部分为三角形，极少数者用矩形截面，而且又多采用正三角形断面，用方钢管或槽钢制成的下弦杆做运动小车的轨道，上弦杆用钢管或圆钢等制成。

（7）司机室：为了便于司机操作，塔式起重机的司机室必须与回转部分一同回转。

（8）通道与平台：塔身中的通道，一般都要设直立梯或斜梯，设置在塔身内部。最顶部的塔身节或回转固定支座上设平台。凡需安装、检修操作的处所，都应设置可靠的通道和平台（图 1-59）。

图 1-59　通道与司机室

2．机构部分

机构部分由起升机构、回转机构、变幅机构、液压机构等组成（图 1-60）。

图 1-60　塔式起重机机构部分

3．电气部分

电气部分由电源、电线与电缆、控制与保护、电动机等组成。

4．安全装置

安全装置由超载限制器、行程限位器、安全止挡和缓冲器、应急装置、非工作状态安全装置、环境危害预防装置等部分组成。

1.11.2.2 安全保护措施

1．塔式起重机安全装置

塔式起重机安全保护装置可归纳为两限制、三限位、两保险。

（1）两限制：起重力矩限制器、起重量限制器。

①塔式起重机的额定起重力矩（$M=FR$）恒定，用于控制塔式起重机的起重力矩，防止力矩超载导致塔式起重机倾翻。

②塔式起重机的最大起重量恒定，起升电动机的功率恒定（$P=FV$），起重量限制器对起升钢丝绳的受力做出响应，用于控制塔式起重机的起重量和一定起重量下的吊钩起升速度，防止起重量超载和起升电动机过载导致塔式起重机结构损坏。

（2）三限位：起升高度限位器、幅度限位器、回转限位器。

①起升高度限位器也称超高限位器，用于控制吊钩的起升高度，防止吊钩碰撞小车及起重臂。当吊钩装置顶部与小车架下端有一定距离时，自动切断起升电源，吊钩只能下降，不能上升。

②幅度限位器用于控制小车的运行幅度，防止小车冲击起重臂的端部和根部。

③回转限位器用于控制塔式起重机正转和反转的圈数，防止塔式起重机无限制地朝一个方向运转，造成电缆线缠绕、扭断（图 1-61）。

图 1-61　回转、超高、幅度限位器

（3）两保险：吊钩保险装置；卷筒、滑轮、变幅小车保险装置。

吊钩保险装置是指设在吊钩上的弹簧压盖，压盖不能向上开启只能向下压开，防止吊索从吊钩中脱出而造成重物坠落。

吊钩保险装置也指设在起升卷扬机、小车卷扬机卷筒及滑轮侧板边缘的阻挡装置，用于防止钢丝绳越过卷筒及滑轮侧板凸缘，发生脱绳、卡塞，甚至剪断的事故（图 1-62）。

图 1-62　阻挡装置

2. 岗位安全责任制度

（1）吊车司机。

①牢固树立“安全第一，预防为主”的方针。

②作业前司机应对制动器、钢丝绳及安全装置进行检查，发现设备不正常时，及时排除，工作结束或暂停作业，应把所有控制手柄扳至零位、断开电源、锁好电闸箱。

③操作人员要严格执行操作规程，认真做好机械工作前、工作中及工作后的安全检查和维护保养工作，严禁机械“带病运转”。

④工作中司机、指挥及司索人员要密切配合，严格按指挥信号操作，不准超负荷吊物，司机和指挥人员不得擅自离开工作岗位。

⑤严禁拆除重量限制器、力矩限制器、行走限位、高度限位等安全装置。

（2）塔式起重机指挥岗位。

①塔式起重机指挥要严格执行起重吊运方案及技术、安全要求和措施。

②要正确运用手势、音响、旗语等指挥信号，组织塔式起重机司索人员绑挂吊物，实行吊升、就位、矫正和最后固定。

③严禁超负荷使用塔式起重机及工具和索具。

④严格执行在吊装作业区内不准闲人进入的规定。任何人不得随同吊物上升攀高。在吊装过程中，任何人不得停留在已吊起的吊物下方。

⑤在室外作业时，遇有 6 级及以上大风、浓雾、雨雪等不良气候，应停止作业；夜间作业应有足够的照明条件，且有有关部门批准。

⑥因故停止塔式起重机作业，须采取安全可靠的防护措施，以保护吊物和塔式起重机设备，严禁吊物悬空长时间停留。

⑦塔式起重机吊运大型吊物通过障碍时，须先测量障碍的宽度、高度，以确保其顺利通过。

（3）司索工。

①负责对物件绑扎、挂钩、牵引绳索等工作，根据吊重物件的具体情况选择相适应的吊具与索具，与指挥和起重机司机密切配合，保证起重作业顺利完成；

②坚守岗位，爱护和正确使用吊具和索具、安全用具及个人防护用品；

③严格执行安全操作规程，及时制止违章违纪行为，负责对工作场地情况提出安全保证意见，对起重作业提出建议和措施；

④负责保证吊具、索具的技术状态完好，做好文明施工和吊具、索具的维护保养工作，发现隐患及时处理或上报，确保吊具、索具的安全使用；

⑤发生事故或未遂事故应立即报告，参加事故分析，汲取事故教训，采取措施，防止同类事故重复发生；

⑥维护自身安全，遇到有人身危害性而无保障措施的作业时，有权拒绝进行施工，同时立即报告或越级报告有关部门。

1.11.2.3 钢丝绳

钢丝绳相关标准参阅《起重机 钢丝绳 保养、维护、检验和报废》（GB/T 5972—2016）、《钢丝绳用楔形接头》（GB/T 5973—2006）、《钢丝绳用压板》（GB/T 5975—2006）、《钢丝绳夹》（GB/T 5976—2006）等规范，就安装维护、检查及报废标准归纳如下，具体事宜可参阅规范（图 1-63）。

图 1-63　塔式起重机钢丝绳及其维护示意

1．更换与安装

（1）新更换的钢丝绳一般应与原安装的钢丝绳同类型、同规格。如采用不同类型的钢丝绳，用户应保证新钢丝绳不低于原选钢丝绳的性能，并与卷筒和滑轮上的槽形相适应。

（2）当起重机上的钢丝绳是由较长的绳上切下时，为防止其松散，应对切断处进行处理。

（3）在重新安装钢丝绳装置之前，应检查卷筒和滑轮上的所有绳槽，确保其完全适合更换的钢丝绳。

（4）当从卷轴或钢丝绳卷上抽出钢丝绳时，应采取措施防止钢丝绳打环、扭结、弯折或粘上杂物。

（5）当钢丝绳空载时与机械的某个部位发生摩擦，则应将能接触到的部位加以适当防护。

（6）在钢丝绳投入使用之前，用户应确保与钢丝绳工作有关的各种装置已安装就绪并运转正常。

（7）为使钢丝绳稳定就位，应使用大约10%的额定荷载对机械进行若干次运转操作。

2．维护保养

钢丝绳的维护保养应根据起重机械的用途、工作环境和钢丝绳的种类而定。在可能的情况下，对钢丝绳应进行适时地清洗并涂以润滑油或润滑脂（起重机械的制造厂或钢丝绳制造厂另有说明者除外），特别是那些绕过滑轮时经受弯曲的部位。

涂刷的润滑油、润滑脂品种应与钢丝绳厂使用的相适应。

缺乏维护是钢丝绳寿命短的主要原因之一，特别是当机械在腐蚀性环境中工作，以及在某些由于与作业有关的原因而不能润滑的情况下运转时更是如此。

3．检查

对钢丝绳应做全长检验，并且应特别注意下列部位：①钢丝绳运动和固定的始末端部位；②通过滑轮组或绕过滑轮的绳段，在机构进行重复作业的情况下，应特别注意机构吊载期间绕过滑轮的任何部位；③位于平衡滑轮的绳段；④由于外部因素（如舱口栏板）可能引起磨损的绳段；⑤腐蚀及疲劳的内部检验；⑥处于热环境绳段；⑦检验结果应记录在设备检验记录本上。

4．报废标准

钢丝绳使用的安全程度由下列项目判定：①断丝的性质和数量；②绳端断丝；③断丝的局部聚集；④断丝的增加率；⑤绳股断裂；⑥由于绳芯损坏而引起的绳径减小；⑦弹性减小；⑧外部及内部磨损；⑨外部及内部腐蚀；⑩变形；⑪由于热或电弧造成的损坏。

1.11.2.4　塔式起重机作业强制性规定

参照《建筑机械使用安全技术规程》（JGJ 33—2012）及《塔式起重机安全规程》（GB 5144—2006）等规程条文，作业强制性规定归纳如下：

（1）塔式起重机应安排专人负责，并做好设备每班运行和维护记录。

（2）塔式起重机操作人员应熟悉本塔式起重机的性能和操作方法，并经培训合格后持证上岗，严禁酒后操作且严格按本操作规程进行操作。

（3）未经厂家许可，任何人员不得对本机结构、机构等进行简化和改装，不得擅自拆除任何安全装置。

（4）塔式起重机在雷雨、暴雨、浓雾及六级以上大风等恶劣天气停止使用。

（5）起吊重物的重量必须符合起重特性曲线图，司机应能估算起吊重物的重量，严禁超载使用。

（6）每班在首次投入正常运行前，根据安全检查内容对设备进行检查，并如实将检查内容填写至安全检查标示牌内，发现异常情况立即报告现场安全负责人维修，未维修前严禁操作。

（7）起重机工作时，严格执行塔吊“十不吊”规定（图 1-64）。

（8）操纵各控制器时，应依次逐级操作，严禁越档操作，在交换运转方向时，应将控制器转到零位，当电机停止转动后，再转向另一方向。操作时力求平稳，严禁急开急停。

（9）提升重物后，严禁自由下降，重物就位时，应使用慢速下降，并鸣笛发出警告。

（10）起升高度、变幅小车工作幅度限位器必须灵敏可靠。在工作时，严禁以限位器代替停止，当吊钩接近最大起升高度及变幅小车接近起重臂两端限位器时，应减慢工作速度并及时停车，以防限位器失灵造成事故。

（11）塔式起重机工作时，塔臂的回转角度应在 450° 之内。做到左右交替回转，以防电缆线扭断。

（12）塔式起重机在进行维修或调整时，必须停机进行，严禁在工作时进行维修或调整。

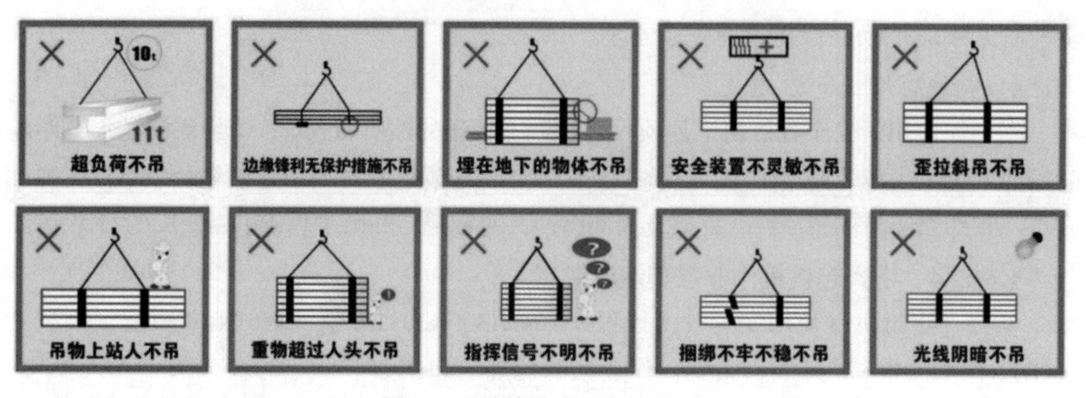

图 1-64　安全生产“十不吊”

1.11.3　任务实施

塔式起重机作业的任务实施场景如图 1-65 所示。由培训师进行塔式起重机相关知识介绍及塔式起重机作业操作。

（1）进行塔式起重机构造的介绍。

（2）由培训师讲解塔式起重机作业常见安全事故类型，并对塔吊安全保护措施进行讲解。

（3）启动场地内的塔式起重机模型，并讲解作业安全保护措施，包括塔式起重机安全装置、钢丝绳安装保养及报废标准的介绍。

（4）讲解塔式起重机作业的强制性规定。

图 1-65　塔式起重机作业培训区

任务 1.12　挡土墙坍塌体验

1.12.1　任务陈述

挡土墙是支撑路基填土、各类人工或天然边坡土体压力，防止填土或土体变形失稳的构造物。常见的挡土墙类型有重力式、锚定式、扶壁式及加筋式（图 1-66）。它是应用最广泛的永久性支挡构筑物，在工程建设中随处可见。挡土墙施工过程中的挖填方、墙身砌（浇）筑等环节中，常因勘察设计问题及施工不当导致一系列坍塌及倾覆事故，高大挡土墙的倾覆事故可对施工人员的生命安全构成威胁。因此，除严格按照规范章程设计施工外，加强施工人员应对突发事故的安全意识和掌握正确有效的自我保护手段也很重要。因此，本项任务主要介绍如何应对挡土墙坍塌事故。

图 1-66　挡土墙（扶壁式、重力式）示意

1.12.2 知识准备

1.12.2.1 挡土墙施工安全要点

挡土墙施工如图 1–67 所示。

图 1–67 挡土墙施工（砌筑、支模）

1. 片石混凝土施工

（1）施工人员要严格遵守操作规程，振捣设备安全可靠。

（2）混凝土振捣时，操作人员必须佩戴绝缘手套，穿绝缘鞋，防止触电。

（3）雨期施工要注意电器设备的防雨、防潮、防触电。

（4）振捣棒使用前检查各部位连接牢固，旋转方向正确，清洁。

（5）作业转移时，电动机电缆线要保持足够的长度和高度，严禁用电缆线拖、拉振捣器。

（6）振捣工必须懂得振捣器的安全知识和使用方法，保养、作业后及时清洁设备。

（7）振捣器接线必须正确，电动机绝缘电阻必须合格，并有可靠的零线保护，必须装设合格漏电保护开关保护。

（8）插入式振捣器应 2 人操作，1 人控制振捣器，1 人控制电动机及开关，棒管弯曲半径不得小于 50 cm，且不能多于 2 个弯，振捣棒自然插入、拔出，不能硬插拔或推，不要蛮碰钢筋或模板等硬物，不能用棒体拔钢筋等。

（9）加片石过程中需注意人身安全。

2. 支模作业

（1）电锯、电钻等要做到一机一闸一漏一箱，严禁使用一机多用机具；

（2）电锯、电钻等木工机具要有专人负责，持证上岗，严禁戴手套操作，严禁用竹编板等材料包裹锯体，分料器要齐全，不得使用倒顺开关；

（3）使用手持电动工具必须佩戴绝缘手套，穿绝缘鞋，严禁戴手套使用锤、斧等易脱手工具；

（4）圆锯的锯盘及传动部应安装防护罩，并设有分料器，其长度不小于 50 cm，厚度大于锯盘的木料，严禁使用圆锯；

（5）支模时注意个人防护，不允许站在不稳固的支撑上或没有固定的木方上施工；

（6）搬运木料、板材时，根据其重量而定，超重时必须两人进行，严禁从上往下投掷任何物料，无法支搭防护架时要设水平网或挂安全带；

（7）使用手锯时，防止伤手和伤别人，并有防摔落措施，锯料时必须站在安全可靠处。

1.12.2.2 土方施工安全要点

土方施工如图 1-68 所示。

图 1-68 土方施工

1. 人工挖土

（1）槽内施工人员必须戴安全帽，施工现场禁止穿拖鞋、高跟鞋或赤脚，严禁在槽内休息。

（2）上下沟槽必须设置立梯，立梯应坚固，不得缺档。

（3）挖土时，两人间距要保持 2 m 以上的安全距离，对所用工具要经常检查是否完好无损，安全可靠。

（4）挖土时，必须从上而下分层开挖，禁止采用挖空底脚的操作方法，并且做好排水、降水等安全措施。

（5）挖土时，应视土质、湿度和挖深度等，选择安全边坡。

（6）沟槽应挖得直顺，上下口尺寸、中线和边坡要符合要求，槽壁应平整，不得出现凹凸现象，以免影响沟壁的稳定性而造成沟壁坍塌。

（7）遇砂层时，必须先打好板桩，再向下挖。如为流砂层，除打好板桩外，有地下水的，还应降低地下水水位才准下挖，严禁带水挖掘。

（8）沟深≥3 m 时，应设垂直运输设备，所有的搭设材料必须坚实。

（9）机械挖土时，跟机修坡清底的操作人员应与铲斗保持一定的安全距离，必要时应先停机，然后操作，同时，还应及时采取必要的支撑措施和沟边翻土工作，以减轻沟壁压力，利于沟壁稳定。

（10）雨、雪后，应及时清泥、扫雪，修垫道路，采取必要的防滑措施，检查槽壁有无裂缝、灌水等情况。

2．机械开挖

（1）机械挖土时，必须严格遵守挖土机械的安全技术操作规程，挖土前，应先发出信号， 在挖土机臂回转半径范围内，不许进行其他工作。

（2）在有地下设施地段挖土时，必须有专人指挥，向司机指明地下设施的种类、位置、走向、高程及危害程度等，并做出明显的标志，以防发生事故。

（3）在有支撑的沟槽中，使用机具设备挖土时，必须注意不得碰撞支撑。

（4）槽内施工人员未离开挖土机臂杆旋转半径范围内，机械操作人员不准从事挖土作业。

（5）挖土机械在架空输电线路一侧施工时，臂杆与输电线路的安全距离不应小于相关规定。遇有大风、雷雨、大雾的天气时，机械不得在高压线附近施工。在地下电缆附近工作时，必须查清地下电缆走向，严格保持在 1 m 以外的距离操作。

1.12.3　任务实施

挡土墙坍塌体验场景如图 1-69 所示。体验及培训师讲授内容如下：

图 1-69　挡土墙坍塌体验示意

（1）培训师对挡土墙基本知识进行讲解。

（2）介绍挡土墙的施工要点及施工过程中可能引发安全事故的环节，如片石砌筑、土方开挖、支模及带电作业等环节。

（3）对挡土墙发生坍塌及倾覆事故时的自我保护方式进行讲解：遇到挡土墙坍塌时，应第一时间做出反应，规范的施工要求配备安全帽，此时施工人员应双手抱住颈部，立即向坍塌挡土墙的两侧方向逃离（若未戴安全帽，双手应保护头部）。

（4）安排体验人员站在地面黄线内部，然后由培训师控制墙体倾覆启动开关，让体验者以正确的方式进行逃离。

任务 1.13　平衡木行走体验

1.13.1　任务陈述

平衡木一般采用高低、长短不一的方管焊接制作，可分为直行、环形、折行等行走方式，尺寸一般为长 4.5 m×高 0.4 m，也可以根据施工现场实际尺寸进行定制（图 1-70），平衡木一般设置为多人使用，让施工人员双臂伸展或平举，一步一步自然前行，然后倒走返回一次。

图 1-70　平衡木行走体验示意

平衡木行走体验可以检测自身的平衡能力、促进小脑的健康发育并锻炼肢体的应变能力，多次行走后还可以提高下肢力量和协调能力，检测出施工人员是否满足作业条件。最重要的是能检测出是否饮酒或不能安全作业的人员，预防安全事故的发生。通过在平衡木上行走，施工人员感受饮酒之后，或是生理残疾无法安全作业的感觉，多次锻炼后，也能提高施工人员沉着冷静、勇敢大胆的心理素质，增强职工的身体素质。

1.13.2　知识准备

1.13.2.1　人的不安全行为

1．人的不安全行为的概念

人的不安全行为就是工作或作业过程中影响工作或作业安全，导致事故发生的人的行为，它是危险因素的一种表现形式，是导致事故发生的诱因和根源。对于从事生产活动的职工来说，随时随地都会遇到和接触多方面的危险因素。一旦对危险因素失控，必将导致事故的发生。就其事故原因来讲，人是导致事故发生的最根本、最直接的原因。

造成人失误的原因是多方面的，如超体能、精神状态不佳、注意力不集中、对设备的操作不熟练、过度疲劳，以及环境过负荷、心理压力过负荷等都能使人发生操作失误。另外，对正确的方法掌握不透，有意采取不恰当的行为等，也会导致人的不安全行为和不安全因素。

2．人的不安全行为的表现形式

（1）侥幸心理。主要表现：碰运气，认为操作违章不一定会发生事故；往往认为“动机是好的”，不会受到责备；自信心很强，相信自己有能力避免事故发生。

职工们产生侥幸心理的原因：一是经验上的错误，例如，某种违章作业从未发生过事故，或多年未发生过，职工们心理上的危险意识就会减弱，从而导致错误的认识，认为违章也未必出事故；二是认识上的错误，认为事故不是经常性发生的，发生了也不一定会造成伤害，即便造成伤害了也不一定很重，因此容易容忍人的不安全行为的存在。久而久之，不安全行为成了职工的作业习惯，必然会导致事故的发生。

（2）麻痹心理。主要表现：一是由于经常干，所以习以为常，不感到有什么危险；二是此项工作已干过多次，因此满不在乎；三是没有注意反常现象，照常操作；四是责任心不强，得过且过。

（3）贪便宜、走捷径心理。主要表现：把必要的安全规定、安全措施、安全设备认为是其实现目标的障碍。这种贪便宜、走捷径的心理是职工在长期工作中养成的一种心理习惯。例如，为了图凉快不戴安全帽，为了省时间而擅闯危险区域，为了多生产而拆掉安全装置。

（4）逆反心理。主要表现：不接受正确的、善意的规劝和批评，坚持其错误行为。例如，自恃技术颇佳，偏不按规程操作；在不了解机器性能及注意事项的情况下动手，在好奇心的驱使下偏要去动、去摸等。

（5）从众心理。主要表现：适应大众生活产生的一种反映，不从众则感到有一种精神压力。由于从众心理，人的不安全行为就会被他人效仿。如果有些职工不遵守安全操作规程并未发生事故，那么同班组的职工也就跟着不按规程操作，否则就有可能被别人说技术不行或胆小鬼，这种从众心理严重地威胁着安全生产。

（6）自私心理。主要表现：这种心理与人的品德、责任感、修养、法制观念有关，它是以自我为核心，只顾自己方便而不顾他人，不顾后果。因此，要保证安全就得远离违章，远离违章就必须从源头遏制人的不安全行为的发生。

1.13.2.2 人体平衡能力测试

1．人体平衡能力

平衡是指人体处在一种姿势或稳定状态下及无论处于何种位置时，当运动或受到外力作用时，能自动地调整并维持姿势的能力。前者属于静态平衡；后者属于动态平衡。

2．人体平衡能力测试

（1）传统的主观观察法。传统的主观观察法主要有 Romberg 检查法、强化 Romberg 检查法和单腿直立检查法三种。Romberg 检查法又称闭目直立检查法，测试时要求受检者两足并拢直立、闭目，两臂前举，以观察受检者睁眼及闭目时躯干有无倾倒发生；强化 Romberg 检查法要求受检者两足一前一后、足尖接足跟直立，观察受检者睁、闭眼时身体的摇摆情况；单腿直立检查法要求受检者单腿直立，先睁眼，后闭眼，最长维持时间为 30 s。传统主观观察法操作简单，但也较为粗略和主观，缺乏客观统一的标准。

（2）Berg 平衡量表法。Berg 平衡量表包括 14 个项目：由坐到站、独立站立、独立坐、由站到坐、床椅转移、闭眼站立、双足并拢站立、站立位肢前伸、站立位从地上拾物、转身向后看、转身一周、双足交替踏台阶、双足前后站立、单腿站立。Berg 平衡量表按得分为 0 ～ 20 分、21 ～ 40 分、41 ～ 56 分 3 组，其对应的平衡能力分别代表坐轮椅、辅助步行和独立行走三种活动状态；总分少于 40 分，预示有跌倒的危险性。

（3）Tinetti 平衡与步态量表法。Tinetti 量表包括平衡和步态测试两部分，满分为 28 分。其中，平衡测试部分有 10 个项目，主要包括站位平衡、座位平衡、立位平衡、转立平衡、轻推反应等，测试一般需要 15 min，满分为 16 分；步态评测表有 8 个项目，主要有步行的启动、步幅、摆动足高度、对称性、连续性、步行路径、躯干晃动情况和支撑相双足水平距离，根据测试者实际的步行状况评分，满分为 12 分。如得分少于 24 分，表示有平衡功能障碍；少于 15 分，表示有跌倒的危险性。

（4）“起立－行走”计时测试法。“起立－行走”计时测试方法是记录测试者从座椅站起，向前走 3 m 后折返回来的时间，并观察测试者在行走中的动态平衡。得分为 1 分表示正常，2 分表示极轻微异常，3 分表示轻微异常，4 分表示中度异常，5 分表示重度异常。如果患者得分为 3 分或 3 分以上，则表示有跌倒的危险性。

（5）压力平板法。压力平板法是记录人体压力中心在平台上变化的轨迹，反映人体重心的变化，可分为静态平衡测试和动态平衡测试。静态平衡测试是让受检者静止站立在一个固定不动的平衡台上，平台下的高灵敏度力传感器可以测出人体压力中心的变化情况，再经专用平衡分析软件处理后计算出评价人体平衡的静态值。动态平衡测试是在静态平衡仪的基础上，将固定平板用一种装置控制，使其可以在前后、水平方向移动，前上、后上倾斜，以踝关节为轴转动等，同时，还环绕检查者给予或真或假的视觉干扰。压力平板法操作简单、测试时间短、评价指标多、能定量分析人体平衡能力，但成本也较高。

1.13.3 任务实施

在建筑工地，通常用平衡木行走体验检测施工人员的平衡能力，最重要的是能检测出是否饮酒，是否能安全作业，看施工人员是否满足作业条件，以预防安全事故的发生。

体验前，让施工人员穿戴整齐，佩戴好安全帽等安全装备，双臂伸展或平举，在平衡木上一步一步自然前行，然后倒走返回一次，从而检测施工人员的平衡能力（图 1–71）。

图 1–71　平衡木行走体验

任务 1.14　人字梯倾倒体验

1.14.1　任务陈述

体验人员正确穿戴个人防护用品，然后在人字梯上模拟作业过程，人为控制使人字梯倾斜，让体验者感受到人字梯倾倒后身体不受控的危险状态（图 1–72）。

通过人字梯倾倒体验，体验人员意识到不正确使用人字梯时可能出现倾倒的危险，并学习合格人字梯的标准及正确使用方法，提高自我保护意识。

图 1–72　人字梯倾倒体验示意

1.14.2　知识准备

1.14.2.1　人字梯使用安全注意事项

人字梯使用安全注意事项包括以下内容：

（1）切勿站在梯子上使用各种电动工具及带电操作。

（2）切勿在倾斜、湿滑、高低不平的地面上或工作台上使用。

（3）切勿将梯子当作施工架、棚架等非正确用途使用。

（4）切勿将未完全张开的梯子斜靠在支撑物上使用。

（5）使用时应把梯子两侧拉杆完全张开并保持四肢良好着地，确保四肢在一个平面上。

（6）确保梯子的结构结实可靠，梯子无零件欠缺、损坏、变形等。若发现梯子异常或破损，应及时禁止使用。

（7）及时检查维修，保障使用安全。

1.14.2.2 人字梯的使用

为了员工自身施工、维修安全，在使用人字梯上下攀梯时必须面向梯子。使用三点接触攀爬方法（使用双手及单脚或单手及双脚）。每次只能有一个员工站在单人跨度的梯子上。更不可站立在梯子最高的两个横档（梯级）上工作。攀梯时，不可同时扛很大或危险的物品。

（1）使用人字梯之前应做到以下内容：

①使用人字梯员工要经过部门登高作业安全培训；

②作业前对员工进行安全交底；

③在人字梯上使用的工具须经过检查并贴标签；

④人字梯平时要做好检查维护保养；

⑤人字梯放置位置应平整坚固；

⑥检查人字梯的材质是否满足工作场所的特殊要求（例如，带电区域不允许使用金属人字梯，酸碱腐蚀区域不允许使用易受酸碱腐蚀材质的铝合金人字梯等）；

⑦人字梯不得放置在门口、通道口和通道拐弯处等。如果必须放置在上述位置，必须确保门已经上锁或通道上不会突然有人闯入（以免撞倒人字梯）；

⑧人字梯中间的拉杆必须可靠固定。

（2）上下和使用人字梯时应做到以下内容：

①上下人字梯时应面朝着人字梯；

②上下人字梯时要做到三点接触；

③上下人字梯时每次只能跨一档；

④上下人字梯时手中不得拿其他任何东西（包括工具，材料等）；

⑤上下人字梯时要使身体的中心保持在人字梯的中间位置；

⑥使用人字梯时不得超过人字梯倒数第三档以上部位；

⑦使用人字梯时必须保证始终有人扶着人字梯；

⑧人员上到 2 m 高度时必须可靠系挂安全带；

⑨在人字梯上工作所需要的所有工具和材料应通过人字梯扶持人员以外的第三人

传递来完成（或使用绳索上下传递），禁止上下抛、投、扔工具材料，禁止两人同时使用同一只人字梯；

⑩如果需要重新安放人字梯，须从人字梯上下来。

（3）人字梯每季度检修一次并做好记录。

1.14.3　任务实施

人字梯倾倒体验是设置同比例人字梯模型，体验者可亲自操作使用，当操作不标准时，人为操作使人字梯出现倾倒。通过体验，体验者能够认识到人字梯倾倒的危险性，从而掌握人字梯正确的使用方法、注意事项及安全防护要求。

体验前需对设备进行全面检查，检查架体各连接件是否牢固，安全铰链是否结实。

在体验过程中，培训人员先讲解人字梯的安装标准和使用方法；然后选取或指定对此项目感兴趣的体验人员进行体验；体验人员爬上人字梯大概两阶后，手握紧梯子，做好准备；培训人员按下按钮，人字梯发生侧倒；待梯子恢复原位稳定后，体验者下来，从而让体验者感受攀爬人字梯倾斜时带来的严重后果。

任务 1.15　急救演示体验

1.15.1　任务陈述

在施工过程中，当出现突发的伤病员时，要求施工人员能够简单止血包扎，处理中暑、坠落伤、骨折、触电等事故，并重点掌握对心肺复苏的操作，以及如何判断患者呼吸心跳情况、心肺复苏指征、操作手法等。

通过急救演示体验，体验者在突遇伤病员时，能够运用所学知识和急救技能及时施以援手，开展自救互救，为急救人员到达现场争取时间，使突发意外事故的伤残和死亡率降到最低。

1.15.2　知识准备

1.15.2.1　触电救护措施与方法

1．触电救护措施

发生触电事故时，在保证救护者本身安全的同时，首先必须设法使触电者迅速脱离电源，并进行以下抢救工作：

（1）解开妨碍触电者呼吸的紧身衣服。

（2）检查触电者的口腔，清理口腔的黏液，如有假牙则取下。

（3）立即就地进行抢救，如呼吸停止，采用口对口人工呼吸法抢救，若心脏停止跳动或不规则颤动，可进行人工胸外按压法抢救，决不能无故中断。

据统计，如果从触电后 1 min 开始救治，则 90% 可以救活；如果从触电后 6 min 开始抢救，则仅有 10% 的救活机会；而从触电后 12 min 开始抢救，则救活的可能性极小。因此，当发现有人触电时，应争分夺秒，采用一切可能的办法抢救。有效的急救在于快而得法，即用最快的速度，施以正确的方法进行现场救护，多数触电者是可以复活的。

2．触电急救的方法

触电急救分两步走，即第一步是使触电者迅速脱离电源，第二步是现场救护。

（1）使触电者脱离电源。电流对人体的作用时间越长，对生命的威胁越大。所以，触电急救的关键是首先要使触电者迅速脱离电源。

①脱离低压电源的方法。脱离低压电源的方法可归纳为“拉”“切”“挑”“拽”和“垫”。

a．“拉”。“拉”是指就近拉开电源开关、拔出插销或瓷插保险。

b．“切”。“切”是指用带有绝缘柄的利器切断电源线。当电源开关、插座或瓷插保险距离触电现场较远时，可用带有绝缘手柄的电工钳或有干燥木柄的斧头、铁锨等利器将电源线切断。

c．“挑”。如果导线搭落在触电者身上或压在身下，这时可用干燥的木棒、竹竿等挑开导线或用干燥的绝缘绳套拉导线或触电者，使其脱离电源。

d．“拽”。救护人可佩戴手套或在手上包缠干燥的衣服、围巾、帽子等绝缘物品拖拽触电者，使其脱离电源。如果触电者的衣裤是干燥的，又没有紧缠在身上，救护人可直接用一只手抓住触电者不贴身的衣裤，将触电者拉脱电源。

e．“垫”。如果触电者由于痉挛，手指紧握导线或导线缠绕在身上，救护人可先用干燥的木板塞进触电者身下使其与地绝缘来隔断电源，然后采取其他办法把电源切断。

②脱离高压电源的方法。使触电者脱离高压电源的方法与脱离低压电源的方法有所不同，通常的做法如下：

a．立即电话通知有关供电部门拉闸停电。

b．往架空线路抛挂裸金属软导线，人为造成线路短路，迫使继电保护装置动作，从而使电源开关跳闸。抛挂前，将短路线的一端先固定在铁塔或接地引线上，另一端系重物。

c．如果触电者触及断落在地上的带电高压导线，且尚未确认线路无电之前，救护人不可进入距离断线落地点 10 m 的范围内，以防止跨步电压触电。触电者脱离带电导线后应迅速将其带至 10 m 以外立即开始触电急救。

③触电者脱离电源时注意事项如下：

a．救护人不得采用金属和其他潮湿的物品作为救护工具。

b．未采取绝缘措施前，救护人不得直接触及触电者的皮肤和潮湿的衣服。

c．在拉拽触电者脱离电源过程中，救护人宜用单手操作，这样对救护人比较安全。

d．当触电者位于高位时，应采取措施预防触电者在脱离电源后坠地摔伤或摔死。

e．夜间发生触电事故时，应考虑切断电源后的临时照明问题，以利于救护。

（2）现场救护。触电者脱离电源后，应立即就地进行抢救。"立即"之意就是争分夺秒，不可贻误。"就地"之意就是不能消极地等待医生的到来，而应在现场施行正确的救护的同时，派人通知医务人员到现场并做好将触电者送往医院的准备工作。现场救护有以下几种抢救措施：

①触电者未失去知觉的救护措施。如果触电者所受的伤害不太严重，神志尚清醒，只是心悸、头晕、出冷汗、恶心、呕吐、四肢发麻、全身乏力，甚至一度昏迷，但未失去知觉，则应让触电者在通风、暖和的处所静卧休息，并派人严密观察，同时请医生前来或送往医院诊治。

②触电者已失去知觉（心肺正常）的抢救措施。如果触电者已失去知觉，但呼吸和心跳尚正常，则应使其舒适地平卧着，解开衣服以利于呼吸，四周不要围人，保持空气流通，冷天应注意保暖，同时立即请医生前来或送往医院诊治。若发现触电者呼吸困难或心跳失常，应立即施行人工呼吸或胸外心脏按压。

③对"假死"者的急救措施。如果触电者呈现"假死"（休克）现象，则可能有三种临床症状：一是心跳停止，但尚能呼吸；二是呼吸停止，但心跳尚存（脉搏很弱）；三是呼吸和心跳均已停止。当判定触电者呼吸和心跳停止时，应立即按心肺复苏法就地抢救。心肺复苏法是支持生命的三项基本措施，即通畅气道、口对口（鼻）人工呼吸、胸外按压（人工循环）。

④现场救护中的注意事项。

a．抢救过程中应适时对触电者进行再判定。按压吹气 1 min 后，应采用"看、听、试"方法在 5 ～ 7 s 内完成对触电者是否恢复自然呼吸和心跳的再判断；若判定触电者已有颈动脉搏动，但仍无呼吸，则可暂停胸外按压，而再进行两次口对口人工呼吸，接着每隔 5 s 吹气一次。如果脉搏和呼吸仍未能恢复，则继续坚持心肺复苏法抢救。

b．抢救过程中移送触电伤员时的注意事项。心肺复苏应在现场就地坚持进行；移动触电者或将其送往医院，应使用担架并在其背部垫以木板，不可让触电者身体蜷曲着进行搬运；应创造条件，用装有冰屑的塑料袋做成帽状包绕在伤员头部，露出眼睛，使脑部温度降低，争取触电者心、肺、脑能得以复苏。

c．触电者好转后的处理。如触电者的心跳和呼吸经抢救后均已恢复，可暂停心肺复苏法操作。但心跳呼吸恢复的早期仍有可能再次骤停，救护人应严密监护，不可麻痹，要随时准备再次抢救。

d．慎用药物。人工呼吸和胸外按压是对触电"假死"者的主要急救措施，任何药物都不可替代。无论是兴奋呼吸中枢的可拉明（尼可刹米）、洛贝林等药物，或者是有使心脏复跳的肾上腺素等强心针剂，都不能代替人工呼吸和胸外心脏按压这两种急救办法。

⑤触电者死亡的认定。对于触电后失去知觉、呼吸心跳停止的触电者，在未经心肺复苏急救之前，只能视为“假死”。任何在事故现场的人员，一旦发现有人触电，都有责任及时和不间断地进行抢救。抢救时间应持续 6 h 以上，直到救活或医生做出触电者已临床死亡的认定为止。

1.15.2.2 心肺复苏术的步骤

（1）意识判断。用轻拍重唤的方法判断伤员有无意识，拍打伤员双肩，同时大声呼喊“先生（女士），你醒醒”。 如果无意识，应高声呼救：“这儿有人晕倒了，我是救护员，请这位先生（女士）帮我拨打急救电话，现场谁会救护的请帮忙”。同时，将伤员翻转成复苏体位，将伤员仰卧在坚硬的平面上。

（2）呼吸判断。一听是否有呼吸声；二看是否胸廓起伏；三感觉是否有呼吸气流。

（3）胸外按压。吹两口气后，进行胸外按压。

①按压频率：100 次 /min，按压深度：4 ～ 5 cm。

②按压部位：胸部正中，乳头连线水平；或右手中、食指沿一侧肋弓向内上方滑动至胸骨下端，左手掌跟靠紧食指，放于胸骨上。

③按压方法：一手掌根放于按压部位，另一手顺手重叠十指相扣，手指掌心翘起（掌根始终不要离开按压位置）。同时以髋关节为支点，身体前倾，腕肘肩关节垂直进行按压。

（4）打开气道前，先检查伤员口腔中有无异物，如果有，清除口腔异物。打开气道，使伤病员下颌角与耳垂连线和地面垂直，或鼻孔朝天（成人气道打开 90°，儿童 60°，婴儿 30°）。

（5）人工呼吸。进行口对口人工吹气两次，一次吹 1 s，第一次与第二次间隔 3 ～ 4 s（吹第一口气后，要抬头换气，看伤员胸廓恢复原位后再吹第二口气）。吹气方法：仰头举颌打开气道，捏紧鼻孔，张大口包紧其口唇，吸气后立即吹气。

（6）按压与吹气比是 30：2，即按压 30 次，吹两口气。进行 5 个周期（约 2 min）后，暂停 10 s 检查呼吸脉搏。双人或多人在场实施 CPR 时，应每 2 min 或每 5 个周期 CPR 更换按压者，施救者应在 5 s 内完成转换，可以更好地提高按压效率。

（7）当心肺复苏成功以后，应将伤员翻转为复原体位，随时观察其生命体征，一旦呼吸心跳停止，再次进行心肺复苏。心肺复苏成功的有效体征：面色由苍白或青紫转红；脉搏、呼吸恢复；瞳孔由大变小；眼球活动，手脚抽搐；开始呻吟等。

（8）心肺复苏可以终止的条件：伤病员已经恢复自主呼吸和心跳；有专业医务人员接替抢救；医务人员确定被救者已经死亡。

1.15.3 任务实施

正常施工现场人员心搏骤停（如触电、高空作业、心理疾病、心肌梗死、自然灾害、意外事故等造成的心搏骤停），必须采取气道放开、胸外按压、人工口鼻呼吸、体外除颤等抢救过程，使病人在短时间内得到救护。在抢救过程中气道是否放开，胸外按压位置、按压强度是否正确，人工呼吸吹入潮气气量是否足够，动作是否正确等，是抢救病人是否成功的关键。

体验者在初始状态时，模拟人瞳孔散大，颈动脉无搏动，按压过程中，模拟人颈动脉被动搏动，搏动频率与按压频率一致，抢救成功后，模拟人瞳孔恢复正常，颈动脉自主搏动。如图 1–73 所示，体验者可参照 1.15.2.2 的方法对模拟假人进行心肺复苏训练体验。

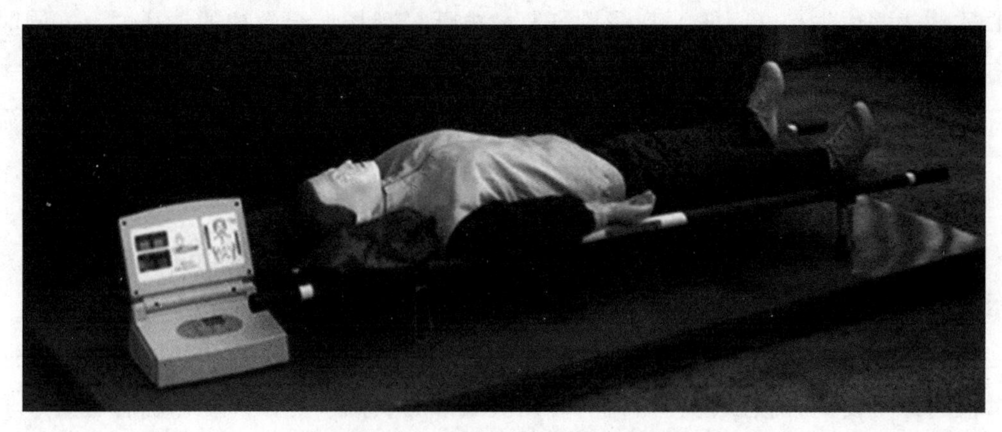

图 1–73　急救模拟演练假人示意

小　结

通过本项目的学习，学习者应达到以下要求：

1. 了解劳动防护用品的规定、人行马道的搭设要求、安全防护栏杆防护要求、灭火的基本方法和灭火器的种类、临时用电事故类型与规律、安全帽种类和合格要求、洞口安全作业防护要求、攀登作业安全防护要求、规范的移动式操作架安装要求、钢丝绳的安全保护措施、人的不安全行为、触电救护措施。

2. 掌握劳动防护用品佩戴的使用标准、人行马道体验注意事项、防护栏杆倾倒体验注意事项、灭火器的正确使用方法、临时用电强制性规定、现场临电作业“十个必须”和“十个严禁”、安全帽的正确佩戴要求、洞口坠落体验注意事项、佩戴安全带的注意事项和正确佩戴方法、垂直爬梯的正确使用方法、塔式起重机作业强制性规定、挡土墙和土方施工安全要点、人体平衡能力测试方法、人字梯使用安全注意事项、心肺复苏术的步骤。

练　　习

1．简述劳动防护用品佩戴的使用标准。

2．简述防护栏杆倾倒体验的注意事项。

3．简述灭火器的正确使用方法。

4．简述临时用电强制性规定、现场临电作业“十个必须”和“十个严禁”。

5．简述安全帽的正确佩戴要求。

6．简述洞口坠落体验注意事项。

7．简述佩戴安全带的注意事项和正确佩戴方法。

8．简述垂直爬梯的正确使用方法和塔式起重机作业强制性规定。

9．简述挡土墙和土方施工的安全要点。

10．简述心肺复苏的步骤。

项目 2　装配式建筑施工体验

任务 2.1　构件吊装控制体验

2.1.1　任务陈述

装配式建筑是指把传统建造方式中的大量现场作业工作转移到工厂进行，把在工厂加工制作好的建筑部品、部件，如楼板、墙板、楼梯、阳台、空调板等，运输到建筑施工现场，通过可靠的连接方式在现场装配安装而成的建筑（图 2-1）。装配式建筑在整个施工过程中涉及柱、墙、梁、板等大型构件的吊装与就位，其吊装施工难度、就位精度、吊装过程要点控制、吊装过程质量与安全控制等都需要施工技术人员准确把控，如何准确把控、如何对大型部件的吊装与就位控制提前进行体验式教育（培训），这是本任务要重点解决的问题。

(a)　(b)　(c)　(d)

图 2-1　某装配式建筑施工现场及构件示意

（a）某装配式建筑施工现场；（b）外墙挂板；（c）叠合梁；（d）叠合楼板

(e)

(f)

图 2-1　某装配式建筑施工现场及构件示意（续）

（e）预制楼梯；（f）保温墙

2.1.2　知识准备

2.1.2.1　预制框架柱吊装质量安全控制

（1）预制框架柱吊装示意如图 2-2 所示。

图 2-2　预制框架柱吊装示意

（2）预制框架柱吊装施工流程如图 2-3 所示。

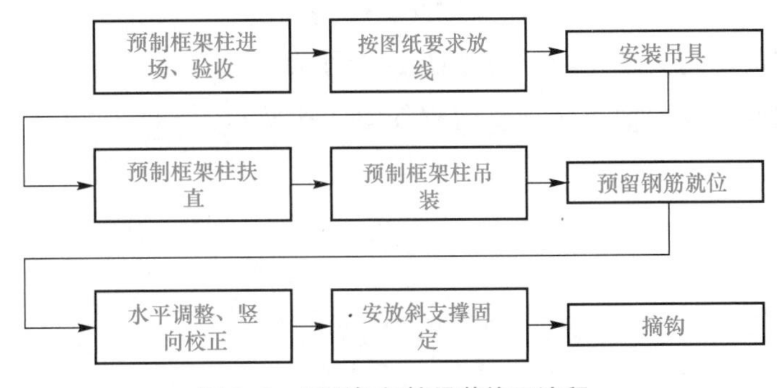

图 2-3　预制框架柱吊装施工流程

（3）施工要点。

①检查预制框架柱进场的尺寸、规格，混凝土的强度是否符合设计和规范要求，检查柱上预留套管及预留钢筋是否满足图纸要求，套管内是否有杂物；同时，做好记录，并与现场预留套管的检查记录进行核对。

②根据预制框架柱平面各轴的控制线和柱框线校核预埋套管位置的偏移情况，并做好记录。若预制框架柱有小距离的偏移，需借助就位设备进行调整，无问题方可进行吊装。

③吊装前在柱四角放置金属垫块，以利于预制柱的垂直度校正，按照设计标高，结合柱子长度对偏差进行确认。用经纬仪控制垂直度，若有少许偏差则用千斤顶等进行调整。

④预制框架柱初步就位时应将预制柱下部钢筋套筒与下层预制柱的预留钢筋初步试对，无问题后准备进行固定。

⑤预制框架柱接头连接采用套筒灌浆连接技术。

a．封边。柱脚四周采用坐浆材料封边，形成密闭灌浆腔，保证在最大灌浆压力（约 1 MPa）下密封有效。

b．灌浆。用灌浆泵（枪）从接头下方的灌浆孔处向套筒内压力灌浆，特别注意正常灌浆浆料要在自加水搅拌开始 20 ～ 30 min 内灌注完成，以尽量保留一定的操作应急时间。

同一仓只能有一个灌浆孔灌浆，不能同时选择两个以上孔灌浆；同一仓应连续灌浆，不得中途停顿。如果中途停顿，再次灌浆时，应保证已灌入的浆料有足够的流动性，还需要将已经封堵的出浆孔打开，待灌浆料再次流出后逐个封堵出浆孔。

c．封堵。接头灌浆时，待接头上方的排浆孔流出浆料后，及时用专用橡胶塞封堵。灌浆泵（枪）口撤离灌浆孔时，也应立即封堵。通过水平缝连通腔一次向构件的多个接头灌浆时，应按浆料排出先后依次封堵灌浆排浆孔，封堵时灌浆泵（枪）一直保持灌浆压力，直至所有灌排浆孔出浆并封堵牢固后再停止灌浆。如有漏浆，须立即补灌损失的浆料。在灌浆完成、浆料凝结前，应巡视检查已灌浆的接头，如有漏浆及时处理。

2.1.2.2　预制混凝土剪力墙吊装质量安全控制

（1）预制混凝土剪力墙吊装示意如图 2-4 所示。

（2）预制混凝土剪力墙吊装施工流程如图 2-5 所示。

图 2-4　预制混凝土剪力墙吊装示意

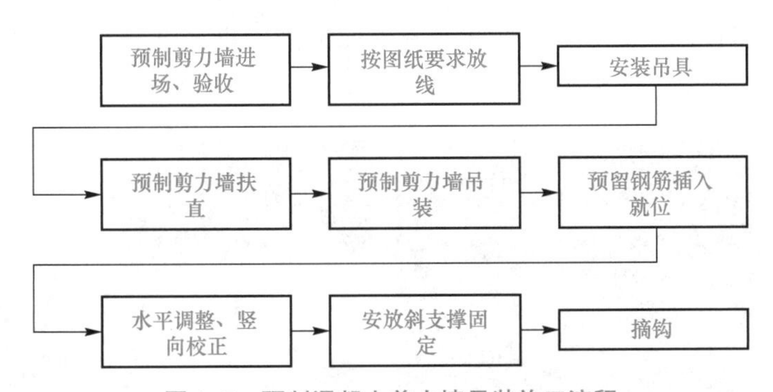

图 2-5　预制混凝土剪力墙吊装施工流程

（3）施工要点。

①吊装准备。

a．吊装就位前将所有柱、墙的位置在地面弹好墨线，根据后置埋件布置图，采用后钻孔法安装预制构件定位卡具，并进行复核检查。

b．对起重设备进行安全检查，并在空载状态下对吊臂角度、负载能力、吊绳等进行检查，对吊装困难的部件进行空载实际演练（必须进行），将倒链、斜撑杆、膨胀螺栓、扳手、2 m 靠尺、开孔电钻等工具准备齐全，操作人员对操作工具进行清点。

c．检查预制构件预留灌浆套筒是否有缺陷、杂物和油污，保证灌浆套筒完好；提前架好经纬仪、激光水准仪并调平。

d．填写施工准备情况登记表，施工现场负责人检查核对签字后方可开始吊装。

②吊装。

a．吊装时采用带倒链的扁担式吊装设备，加设缆风绳，如图 2-6 所示。

b．顺着吊装前所弹墨线缓缓下放墙板，吊装经过的区域下方设置警戒区，施工人员应撤离，由信号工指挥，就位时待构件下降至作业面 1 m 左右高度时施工人员方可靠近操作，以保证操作人员的安全。

图 2-6　起吊预制叠合剪力墙

c．墙板下放好金属垫块，垫块保证墙板底标高的准确（也可提前在预制墙板上安装定位角码，顺着定位角码的位置安放墙板），如图 2-7 所示。

图 2-7　预制剪力墙对位安装

d．墙板底部若局部套筒未对准，可使用倒链将墙板手动微调，重新对孔。

e．底部没有灌浆套筒的外填充墙板直接顺着角码缓缓放下墙板。垫板造成的空隙可用坐浆方式填补。为防止坐浆料填充到外叶板之间，在墙板处补充 50 mm×20 mm 的保温板（或橡胶止水条）堵塞缝隙，如图 2-8 所示。

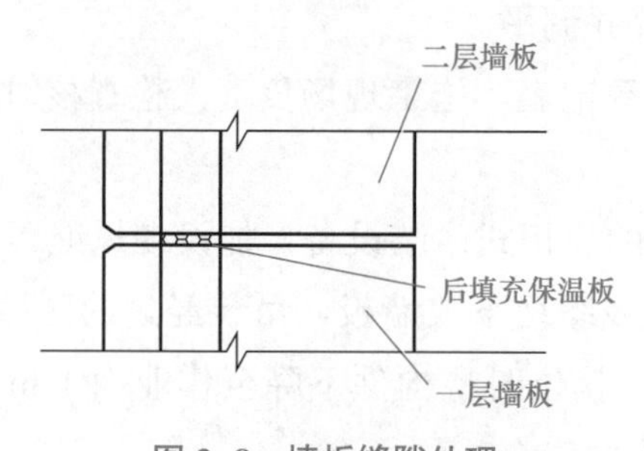

图 2-8　墙板缝隙处理

③安放斜撑。

a．墙板垂直坐落在准确位置后，使用激光水准仪复核水平是否有偏差。无误差后，利用预制墙板上的预埋螺栓和地面后置膨胀螺栓（将膨胀螺栓在环氧树脂内蘸一下，立即打入地面）安装斜支撑杆，用检测尺检测预制墙体垂直度及复测墙顶标高后，利用斜撑杆调节好墙体的垂直度，方可松开吊钩。在调节斜撑杆时，必须两名工人同时间、同方向进行操作，如图 2-9 所示。

图 2-9　支撑调节

b．斜撑杆调节完毕后，再次校核墙体的水平位置和标高、垂直度，相邻墙体的平整度。其检查工具包括经纬仪、水准仪、靠尺、水平尺（或软管）、重锤、拉线等。

2.1.2.3　预制混凝土外墙挂板吊装质量安全控制

（1）预制混凝土外墙挂板吊装示意如图 2-10 所示。

图 2-10　预制混凝土外墙挂板吊装示意

（2）预制混凝土外墙挂板吊装施工流程如图 2-11 所示。

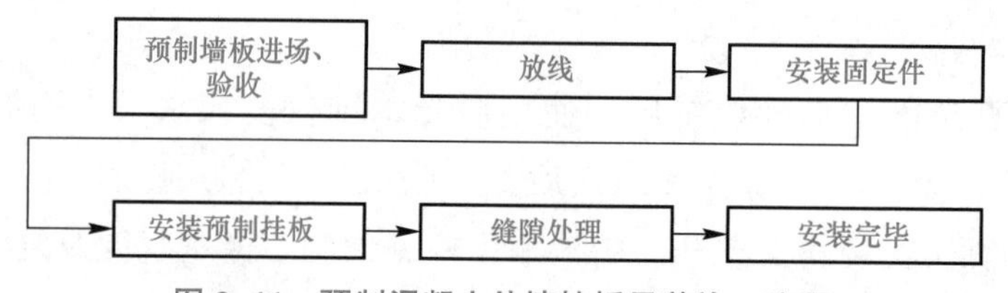

图 2-11　预制混凝土外墙挂板吊装施工流程

（3）施工要点。

①外墙挂板施工前准备。每层楼面轴线垂直控制点不应少于 4 个，楼层上的控制轴线应使用经纬仪由底层原始点直接向上引测；每个楼层应设置 1 个高程控制点；预制构件控制线应由轴线引出，每块预制构件应有纵横控制线两条；预制外墙挂板安装前应在墙板内侧弹出竖向与水平线，安装时应与楼层上该墙板控制线相对应。当采用饰面砖外装饰时，饰面砖竖向、横向砖缝应引测。贯通外墙内侧来控制相邻板与板之间，层与层之间饰面砖砖缝对直；预制外墙板垂直度测量，4 个角留设的测点为预制外墙板转换控制点，用靠尺以此 4 点为标准在内侧进行垂直度校核和测量；应在预制外墙板顶部设置水平标高点，在上层预制外墙板吊装时，应先垫垫块或在构件上预埋标高控制调节件。

②外墙挂板的吊装。预制构件应按照施工方案吊装顺序预先编号，严格按照编号顺序起吊；吊装应采用慢起、稳升、缓放的操作方式，应系好缆风绳控制构件转动；在吊装过程中，应保持稳定，不得偏斜、摇摆和扭转。预制外墙板的校核与偏差调整应按以下要求：

a．预制外墙挂板侧面中线及板面垂直度的校核，应以中线为主调整。

b．预制外墙板上下校正时，应以竖缝为主调整。

c．墙板接缝应以满足外墙面平整为主，内墙面不平或翘曲时，可在内装饰或内保温层内调整。

d．预制外墙板山墙阳角与相邻板的校正，以阳角为基准调整。

e．预制外墙板拼缝平整的校核，应以楼地面水平线为准调整。

③外墙挂板底部固定、外侧封堵。外墙挂板底部坐浆材料的强度等级不应小于被连接的构件强度，坐浆层的厚度不应大于 20 mm，底部坐浆强度检验以每层为一检验批，每工作班组应制作一组且每层不应少于 3 组边长为 70.7 mm 的立方体试件，标准养护 28 d 后进行抗压强度试验。外墙挂板外侧为了防止坐浆料外漏，应在外侧保温板部位固定 50 mm（宽）×20 mm（厚）的具备 A 级保温性能的材料进行封堵。预制构件吊装到位后应立即进行下部螺栓固定并做好防腐防锈处理。上部预留钢筋与叠合板钢筋或框架梁预埋件焊接。

（4）预制外墙挂板连接接缝采用防水密封胶施工时应符合下列规定：

①预制外墙板连接接缝防水节点基层及空腔排水构造做法符合设计要求。

②预制外墙挂板外侧水平、竖直接缝的防水密封胶封堵前，侧壁应清理干净，保

持干燥。嵌缝材料应与挂板牢固粘结，不得漏嵌和虚粘。

③外侧竖缝及水平缝防水密封胶的注胶宽度、厚度应符合设计要求，防水密封胶应在预制外墙挂板校核固定后嵌填，先安放填充材料，然后注胶。防水密封胶应均匀顺直，饱满密实，表面光滑连续。

④外墙挂板“十”字拼缝处的防水密封胶注胶连续完成。

2.1.2.4 预制混凝土梁吊装质量安全控制

（1）预制框架梁吊装示意如图 2-12 所示。

图 2-12　预制框架梁吊装示意

（2）预制框架梁吊装施工流程如图 2-13 所示。

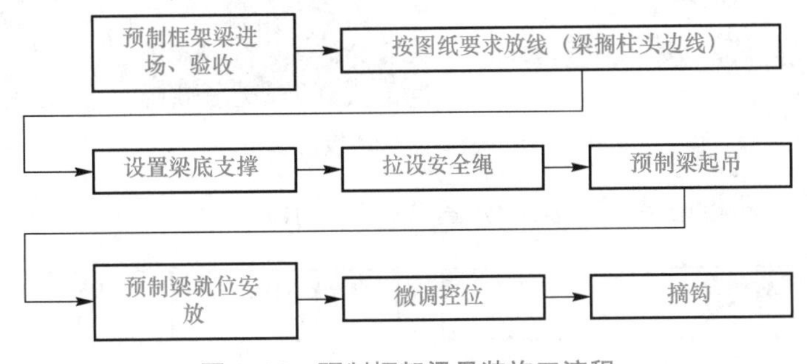

图 2-13　预制框架梁吊装施工流程

（3）施工要点。

①弹控制线。测出柱顶与梁底标高误差，柱上弹出梁边控制线。

②注写编号。在构件上标明每个构件所属的吊装顺序和编号，便于吊装人员辨认。

③梁底支撑。梁底支撑采用立杆支撑 + 可调顶托 +100 mm×100 mm 木方，预制梁的标高通过支撑体系的顶丝来调节。

④起吊。

a．梁起吊时，用吊索钩住扁担梁的吊环，吊索应有足够的长度以保证吊索和扁担梁之间的角度≥60°。

b．当梁初步就位后，两侧借助柱头上的梁定位线将梁精确校正，在调平同时将下部可调支撑上紧，这时方可松去吊钩。

c．主梁吊装结束后，根据柱上已放出的梁边和梁端控制线，检查主梁上的次梁缺口位置是否正确，如不正确，需做相应处理后方可吊装次梁，梁在吊装过程中要按柱对称吊装。

（5）预制梁板柱接头连接。

a．键槽混凝土浇筑前应将键槽内的杂物清理干净，并提前 24 h 浇水湿润。

b．键槽钢筋绑扎时，为确保钢筋位置的准确，键槽预留 U 形开口箍，待梁柱钢筋绑扎完成，在键槽上安装∩形开口箍，与原预留 U 形开口箍双面焊接，焊缝长度为 5*d*（*d* 为钢筋直径）。

2.1.2.5　预制混凝土楼板吊装质量安全控制

（1）预制叠合楼板吊装示意如图 2–14 所示。

图 2–14　预制叠合楼板吊装示意

（2）预制叠合楼板吊装施工流程如图 2–15 所示。

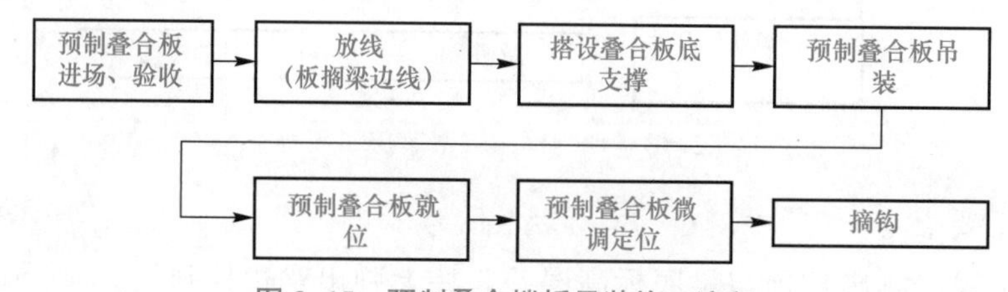

图 2–15　预制叠合楼板吊装施工流程

（3）施工要点。

①进场验收。

a．进场验收主要检查资料和外观质量，防止在运输过程中发生损坏现象。

b．预制叠合板进入工地现场，堆放场地应夯实平整，并应防止地面不均匀下沉。预制带肋底板应按照不同型号、规格分类堆放。预制带肋底板应采用板肋朝上叠放的堆放方式，严禁倒置，各层预制带肋底板下部应设置垫木，垫木应上下对齐，不得脱空，如图 2–16 所示。

图 2-16　预制叠合板堆放方式示意

②弹控制线和注写编号。在每条吊装完成的梁或墙上测量并弹出相应预制板四周控制线，在构件上标明每个构件所属的吊装顺序和编号，便于吊装人员辨认。

③板底支撑。在叠合板两端部位设置临时可调节支撑杆，预制楼板的支撑设置应符合以下要求：

a．支撑架体应具有足够的承载能力、刚度和稳定性，应能可靠地承受混凝土构件的自重和施工过程中所产生的荷载及风荷载。

b．确保支撑系统的间距及距离墙、柱、梁边的净距符合系统验算要求，上下层支撑应在同一直线上。板下支撑间距不大于 3.3 m。当支撑间距大于 3.3 m 且板面施工荷载较大时，跨中需在预制板中间加设支撑，如图 2-17 所示。

图 2-17　叠合板跨中加设支撑示意

④起吊。

a．在可调节顶撑上架设木方，调节木方顶面至板底设计标高，开始吊装预制楼板。

b．预制带肋底板的吊点位置应合理设置，起吊就位应垂直平稳，两点起吊或多点起吊时吊索与板水平面所成夹角不宜小于 60°，不应小于 45°。

c．吊装应顺序连续进行，板吊至柱上方 3 ～ 6 cm 后，调整板位置使锚固筋与梁箍筋错开便于就位，板边线基本与控制线吻合。将预制楼板坐落在木方顶面，及时检查板底与预制叠合梁的接缝是否到位，预制楼板钢筋入墙长度是否符合要求，直至吊装完成，如图 2-18 所示。

图 2-18　叠合板吊装完成示意

⑤误差控制。当一跨叠合板吊装结束后，要根据叠合板四周边线及板柱上弹出的标高控制线对板标高及位置进行精确调整，误差控制在 2 mm 以内。

2.1.2.6　预制混凝土楼梯吊装质量安全控制

（1）预制楼梯吊装示意如图 2-19 所示。

图 2-19　预制楼梯吊装示意

（2）预制楼梯吊装施工流程如图 2-20 所示。

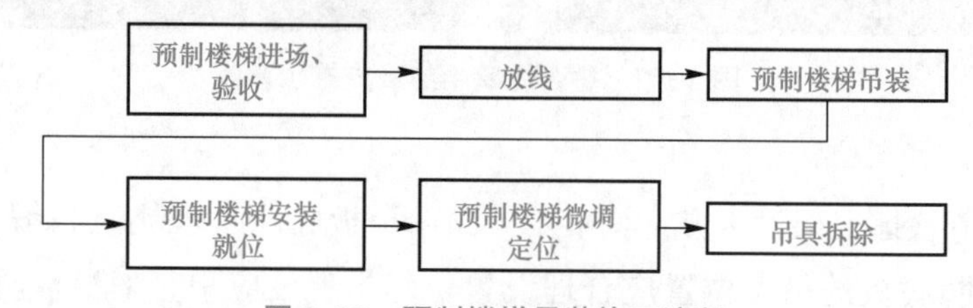

图 2-20　预制楼梯吊装施工流程

（3）施工要点。

①确定控制线。楼梯间周边梁板叠合后，测量并弹出相应楼梯构件端部和侧边的控制线。

②试吊。调整索具铁链长度，使楼梯段休息平台处于水平位置，试吊预制楼梯板，检查吊点位置是否准确，吊索受力是否均匀等；试起吊高度不应超过 1 m。

③吊装。

a．楼梯吊至梁上方 30 ~ 50 cm 后，调整楼梯位置使上下平台锚固筋与梁箍筋错开，板边线基本与控制线吻合。

b．根据楼梯控制线，用就位协助设备等将构件根据控制线精确就位，先保证楼梯两侧准确就位，再使用水平尺和倒链调节楼梯水平。

2.1.3 任务实施

装配式建筑构件吊装控制体验主要工序为施工前准备、吊装机具选择、画线、塔机操作调运构件、构件安装、斜支撑固定等操作，对于刚刚步入装配式建筑领域的初次体验者，如果操作真实构件进行吊装体验，其人身安全还无法得到真正保障。为此，可以借助装配式建筑虚拟仿真软件来实现。下面以预制混凝土剪力墙外墙板为例进行模拟仿真体验，具体仿真体验内容及操作步骤如下。

1．练习或考核计划下达

计划下达分为两种情况，第一种：练习模式下学生根据学习需求自定义下达计划；第二种：考核模式下教师根据教育计划及检查学生掌握情况下达计划并分配给指定学生进行训练或考核，如图 2-21、图 2-22 所示。

图 2-21　学生自主下达计划

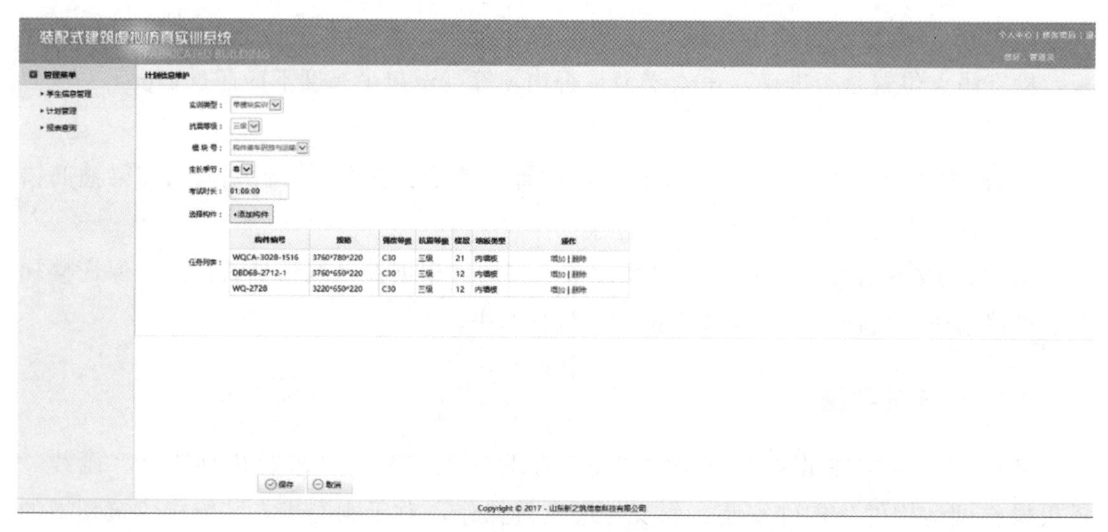

图 2-22　教师下达计划

2．登录系统查询操作计划

输入用户名及密码登录系统，如图 2-23 所示。

图 2-23　系统登录

3．任务查询

学生登录系统后查询施工任务，根据任务列表，明确任务内容，如图 2-24 所示。

4．施工前准备

工作开始前首先进行施工前准备，包括着装检查和杂物清理及施工前注意事项了解等，本次操作任务为带窗口空洞的夹芯墙板，如图 2-25 所示。

图 2-24　任务查询

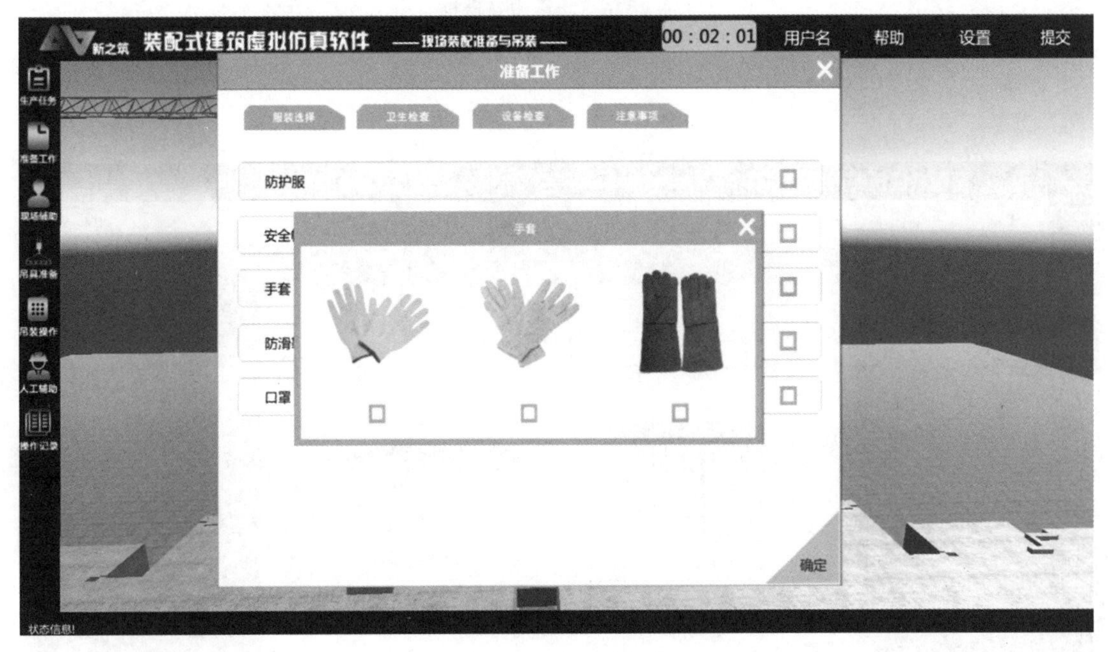

图 2-25　施工前准备

5. 吊装机具选择

认知了解吊装机具，并根据施工需要及吊装构件类型，进行起重设备选择、吊具选择、起吊位置选择等操作。吊具选择完毕后进行吊点设置，吊点设置方式：吊具和吊件间的夹角不宜小于 60° 且不应小于 45° ，如图 2-26 ～图 2-29 所示。

图 2-26　起重设备选择

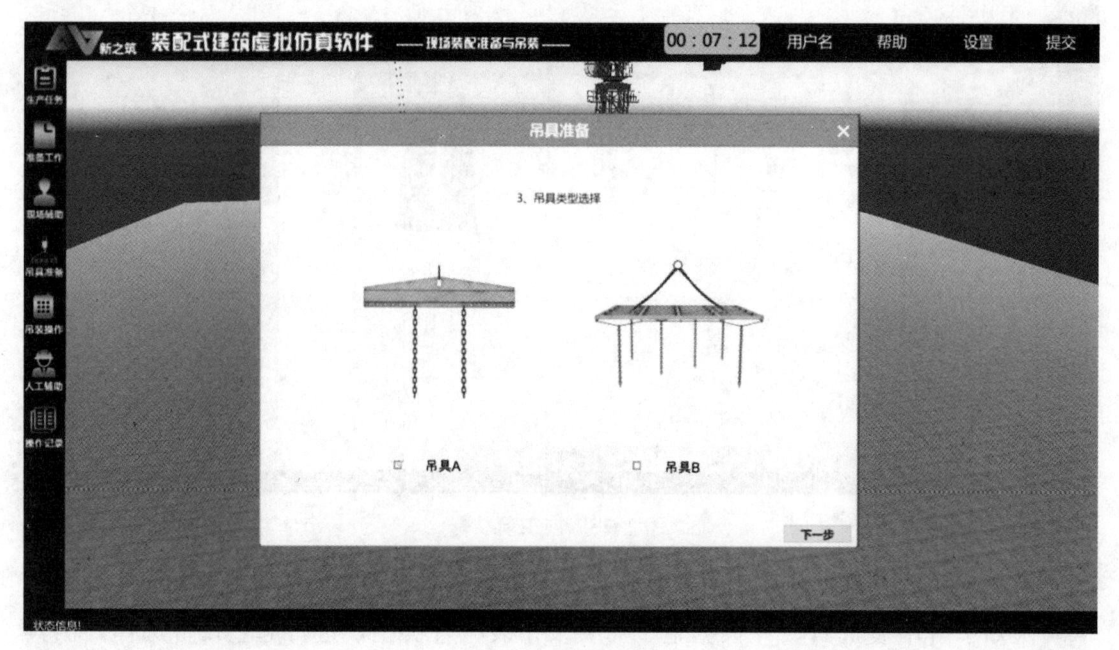

图 2-27　吊具选择

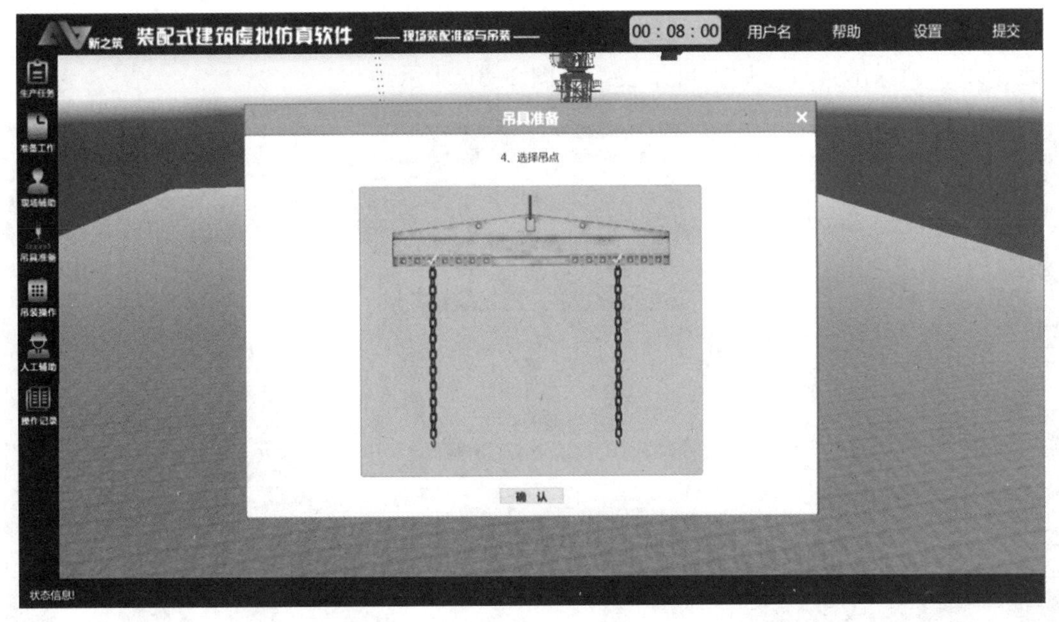

图 2-28　吊点设置

图 2-29　施工场景

6. 构件吊装

构件的吊装需要塔式起重机机操作人员与构件安装人员配合操作，本软件对应仿真了两种操作角色。

（1）塔式起重机吊运构件。通过塔式起重机操作面板，可控制塔式起重机吊钩上升、下降、左转、右转、力矩控制等。首先将构件通过吊具固定到塔式起重机上，然后操作塔式起重机调运构件至待安装位置。起重设备操作人员吊装过程中保持稳定，逐级加速，不得越挡，不得偏斜、摇摆和扭转。

在起吊前，需要进行试吊操作，方法是：慢起 - 稳升 - 缓放。试吊离地不超过 0.5 m，离地平吊。确保吊具可靠后方可吊装，如图 2-30 所示。

图 2-30　塔式起重机吊装构件

（2）安装人员协助安装构件。通过人工辅助操作界面，仿真人员协助安装工艺，可实现构件安装过程中的托、拉、转动等微调操作，配合塔式起重机完成构件正确位置的安装。构件距离安装位置 1.5 m 高时，慢速调整；墙板距地 1 m 以下，安装人员才可靠近进行操作，如图 2-31、图 2-32 所示。

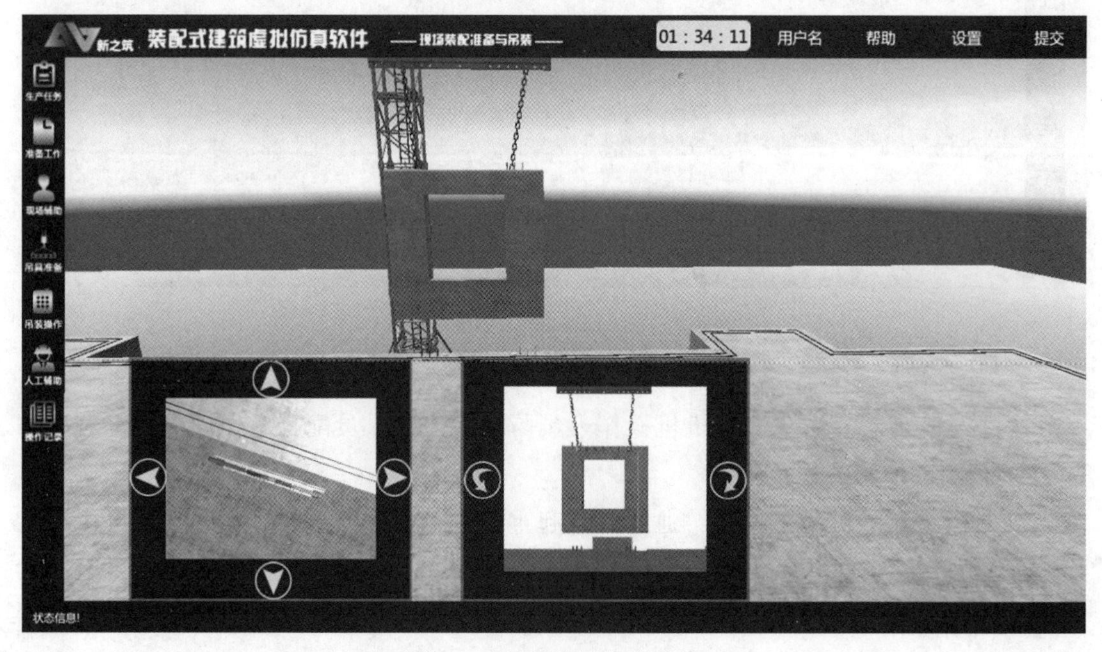

图 2-31　安装人员协助固定

图 2-32　构件安装到位

（3）斜支撑支设。构件吊装完毕后，需要安装斜支撑用以构件的临时固定。每块预制墙板通常需用两个斜支撑来固定，斜撑上部通过专用螺栓与预制墙板上部 2/3 高度处预埋的连接件连接，斜支撑底部与地面（或楼板）用膨胀螺栓进行锚固；支撑与水平楼面的夹角为 40°～50°，如图 2-33 所示。

图 2-33　斜支撑支设

（4）复测、松钩。斜支撑安装完毕后，复测墙顶标高及垂直度，符合规范后即可进行松钩操作，操作塔式起重机进行其他构件的安装，如图 2-34 所示。

图 2-34　松钩操作

7．操作提交

任务操作完毕后即可单击“提交”按钮进行操作提交，本次操作结束。提交后，系统会自动对本操作任务的工艺操作、施工成本、施工质量、安全操作及工期等进行智能评价，形成考核记录和评分记录供教师或学生查询。

8．成绩查询及考核报表导出

登录管理端，即可查询操作成绩，并且可以导出详细操作报表。详细报表包括总成绩、操作成绩、操作记录、评分记录等，如图 2-35 所示。

装配式建筑虚拟仿真实训系统

查询时间：至 2017-10-28　搜索　生成报表

选择	考试ID	计划ID	班级名称	模块名称	成绩	开始时间	结束时间
□	13	10	计算机信息管理	现场装配准备与吊装	0	2017/9/18 16:41:19	2017/9/18 16:41:19
□	12	9	计算机信息管理	现场装配准备与吊装	73	2017/9/18 13:46:44	2017/9/18 13:46:44
□	10	6	计算机信息管理	现浇连接	12	2017/9/18 9:42:39	2017/9/18 9:59:14
□	5	7	计算机信息管理	现场装配准备与吊装	81	2017/9/17 14:02:14	2017/9/17 17:15:32
□	3	5	计算机信息管理	现场装配准备与吊装	62	2017/9/16 14:33:12	2017/9/16 14:33:12

共5条记录

图 2-35　成绩查询及考核报表导出

任务 2.2　构件连接控制体验

2.2.1　任务陈述

对于装配式建筑而言，可靠的构件连接方式是最重要的，是结构安全的最基本保障。本部分主要介绍钢筋套筒连接、钢筋套筒灌浆连接及预制构件与后浇带连接三种连接方式。

2.2.2　知识准备

2.2.2.1　钢筋套筒连接

钢筋直螺纹套筒连接是大直径钢筋现场连接的主要方法，如图 2-36 所示。其工艺流程：钢筋就位→拧下钢丝头保护帽→接头拧紧→做标记→施工检验→做标记。

(a)　(b)　(c)　(d)

图 2-36　钢筋套筒连接

（a）直螺纹套筒；（b）带丝扣钢筋；（c）钢筋套筒连接；（d）钢筋连接成型

1．连接操作

（1）钢筋连接工程开始前和施工过程中，应对每批进场钢筋和接头进行工艺检验。拧下待连接钢筋的保护帽和连接套上的密封盖。将待连接钢筋拧入连接套。拧入前，应仔细检查钢筋规格是否与连接套规格一致，钢筋连接丝扣是否干净完好无损。

（2）被连接的两钢筋端面应处于连接套的中间位置，偏差不大于1*P*（*P*为螺距），连接套筒拧紧后两端无完整丝扣外露。两钢筋端面应在套筒中间位置对紧。有弯头的钢筋采用正反丝扣套筒。经拧紧后的滚轧直螺纹接头必须做出标记。

（3）滚轧直螺纹接头的连接必须用工作扳手进行施工。

2．质量检验

（1）外观质量自检合格的钢筋连接接头，应由现场质检员随机抽样进行检验。同一施工条件下采用同一材料的同等级、同型号、同规格接头，以500个为一个检验批进行检验与验收，不足500个的也作为一个检验批。

（2）对每个检验批的钢筋连接接头，随机抽取15%。且不少于75个接头，检验其外观质量及拧紧力矩。现场钢筋连接接头的抽检合格率不应小于95%。当抽检合格率小于95%时，应另抽取同样数量的接头重新检验。当两次检验的总合格率不小于95%时，该批接头合格。若合格率仍小于95%时，则应对全部接头进行逐个检验。在检验出的不合格接头中，抽取3根接头进行抗拉强度检验，3根接头抗拉强度试验的结果全部符合要求时，该批接头验收评定为合格。

（3）对每个验收批均应按Ⅰ级接头的性能进行检验，在工程结构中随机抽取3个试件做单项拉伸试验，当3个试件抗拉强度均不小于该级别钢筋抗拉强度的标准值时，该验收批判定为合格，如有一个试件的抗拉强度不符合要求，应再取6个试件进行复检。复检中仍有一个试件不符合要求，则该验收批判定为不合格。

（4）现场连续检验10个验收批，抽样试件抗拉强度试验1次合格率为100%时，验收批接头数量可扩大为1 000个。

（5）注意事项。

①滚轧直螺纹接头的单向拉伸试验破坏形式有3种，即钢筋母材拉断、套筒拉断、钢筋从套筒中滑脱。只要满足强度要求，任何破坏形式均可判断为合格。

②钢筋丝头经检验合格后应保持干净无损伤；所连钢筋规格必须与连接套规格一致。

③连接水平钢筋时，必须从一头往另一头依次连接，不得从两头往中间或中间往两端连接；连接钢筋时，一定要先将待连接钢筋丝头拧入同规格的连接套之后，再用工作扳手拧紧钢筋接头，以防损坏接头。

④连接成型后用红油漆做好标记，以防有遗漏接头。

2.2.2.2 钢筋套筒灌浆连接

钢筋套筒灌浆连接技术是指将带肋钢筋插入内腔为凹凸表面的灌浆套筒，向套筒与钢筋的间隙灌注专用高强度水泥基灌浆料，灌浆料凝固后将钢筋锚固在套筒内，实现对预制构件固定的一种钢筋连接技术。该技术将灌浆套筒预埋在混凝土构件内，在安装现场从预制构件外通过注浆管将灌浆料注入套筒，来完成预制构件钢筋的连接，是预制构件中受力钢筋连接的主要形式，主要用于各种装配整体式混凝土结构的受力钢筋连接。

1．钢筋灌浆套筒接头的组成

（1）钢筋连接灌浆套筒。钢筋连接灌浆套筒是通过水泥基灌浆料的传力作用将钢筋对接连接所用的金属套筒。

钢筋连接灌浆套筒按照结构形式分类，可分为半灌浆套筒和全灌浆套筒（图 2-37）。前者一端采用灌浆方式与钢筋连接，而另一端采用非灌浆方式与钢筋连接（通常采用螺纹连接）；后者两端均采用灌浆方式与钢筋连接。

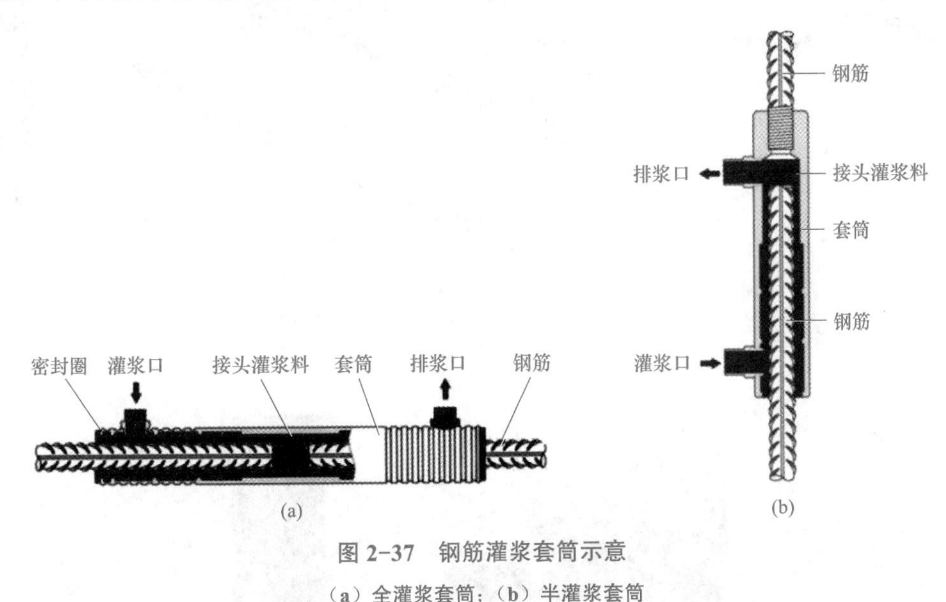

图 2-37　钢筋灌浆套筒示意

（a）全灌浆套筒；（b）半灌浆套筒

全灌浆套筒常用于预制梁钢筋连接，也可用于预制墙和柱的连接；半灌浆套筒常用于预制墙、柱钢筋连接（图 2-38）。

钢筋连接灌浆套筒按照材料分类，可分为机加工套筒和铸造套筒（图 2-39）。

（2）钢筋。钢筋是指钢筋混凝土用钢材，包括光圆钢筋、带肋钢筋。按照生产工艺不同，钢筋可分为低合金钢筋（HRB）、余热处理钢筋（RRB）和细晶粒钢筋（HRBF）；按照强度等级划分，钢筋可分为 HPB300 级钢筋、HRB400 级钢筋、HRB500 级钢筋等。其中，常用的钢筋牌号为 HPB300、HRB335（E）、RRB335 和 HRBF335（E）；HRB400（E）、RRB400 和 HRBF400（E）；HRB500（E）、RRB500 和 HRBF500（E）。钢筋牌号后加“E”的为抗震专用钢筋。

（3）灌浆料。钢筋连接用套筒灌浆料是以水泥为基本材料，配以细集料，以及混凝土外加剂和其他材料组成的干混料，加水搅拌后具有良好的流动性、早强、高强、微膨胀等性能，填充于套筒和带肋钢筋间隙，简称“套筒灌浆料”。

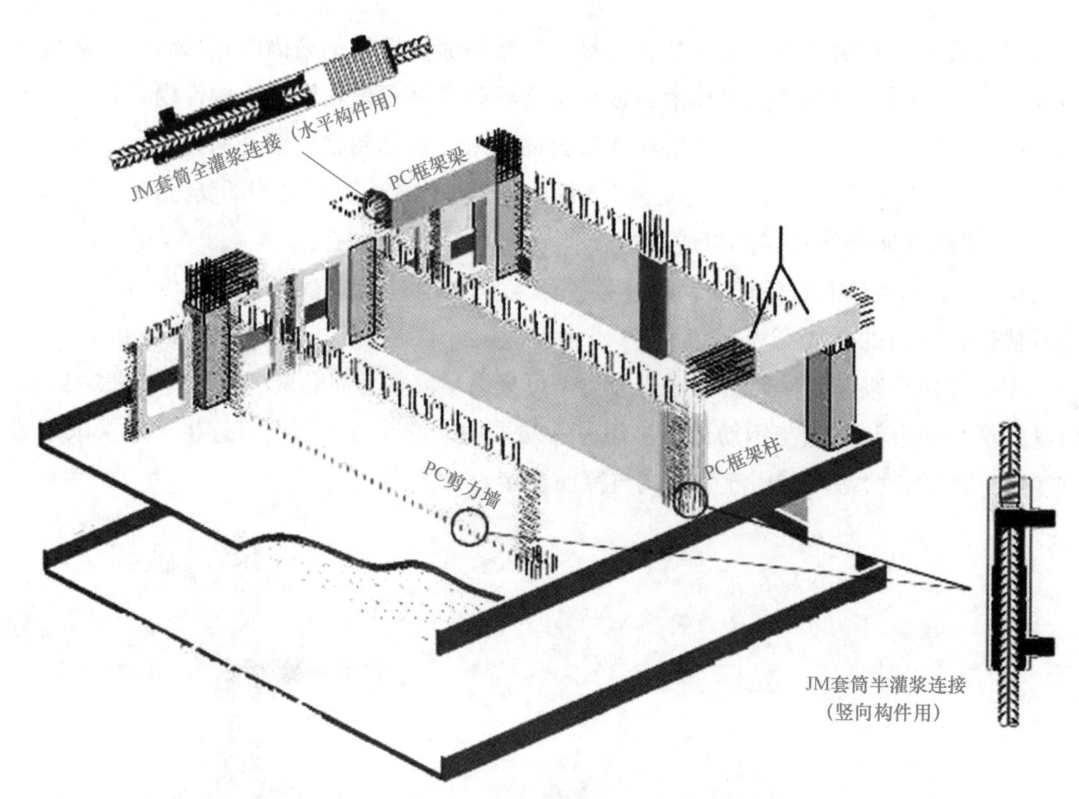

图 2-38　半灌浆套筒应用

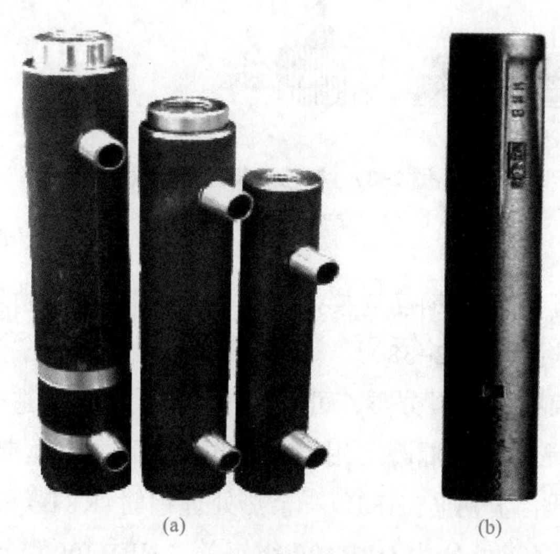

(a)　(b)

图 2-39　灌浆套筒按材料分类

（a）钢制机加工半灌浆套筒；（b）铸造全灌浆套筒

2．灌浆设备

（1）电动灌浆设备。

①泵管挤压灌浆泵（图 2-40）。

工作原理：泵管挤压式。

优点：流量稳定，快速、慢速可调，适合泵送不同黏度的灌浆料。故障率低，泵送可靠，可设定泵送极限压力。使用后需要认真清洗，防止浆料固结堵塞设备。

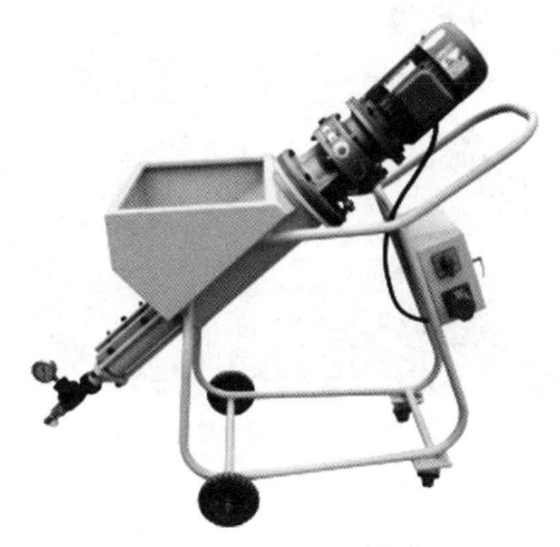

图 2-40　泵管挤压灌浆泵

②螺杆灌浆泵（图 2-41）。

工作原理：螺杆挤压式。

优点：适合低黏度、集料较粗的灌浆料灌浆。体积小，质量轻，便于运输。

缺点：螺旋泵胶套寿命有限，集料对其磨损较大，需要更换，扭矩偏低，泵送力量不足。

图 2-41　螺杆灌浆泵

③气动灌浆器（图 2-42）

工作原理：气压式。

优点：结构简单，清洗简单。

缺点：没有固定流量，需配气泵使用，最大输送压力受气压力制约，不能应对需要较大压力灌浆场合。要严防压力气体进入灌浆料和管路。

图 2-42　气动灌浆器

（2）手动灌浆设备。手动灌浆设备包括推压式灌浆枪和按压式灌浆枪（图 2-43）。其适用单仓套筒灌浆、制作灌浆接头，以及水平缝连通腔不超过 30 cm 的少量接头灌浆、补浆施工。

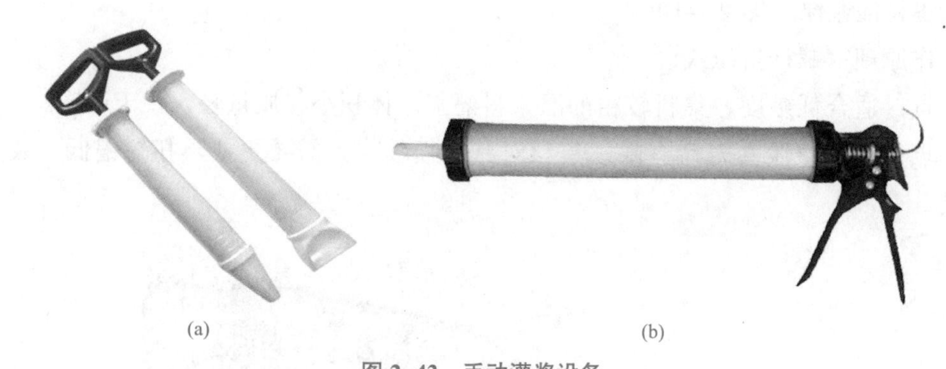

(a)　(b)

图 2-43　手动灌浆设备

（a）推压式灌浆枪；（b）按压式灌浆枪

3．钢筋套筒灌浆连接施工流程

（1）预制构件在工厂完成套筒与钢筋的连接、套筒在模板上的安装固定和进出浆管道与套筒的连接，在建筑施工现场完成构件安装、灌浆腔密封、灌浆料加水拌和及套筒灌浆。

（2）竖向预制构件的受力钢筋连接可采用半灌浆套筒或全灌浆套筒。构件宜采用连通腔灌浆方式，并应合理划分连通腔区域。构件也可采用单个套筒独立灌浆，构件就位前水平缝处应设置坐浆层。套筒灌浆连接应采用经接头型号检验确认的与套筒相匹配的灌浆料，使用与材料工艺配套的灌浆设备，以压力灌浆方式将灌浆料从套筒下方的进浆孔灌入，从套筒上方出浆孔流出，及时封堵进出浆孔，确保套筒内有效连接部位的灌浆料填充密实。

（3）水平预制构件纵向受力钢筋在现浇带处连接可采用全灌浆套筒连接。套筒安装到位后，套筒注浆孔和出浆孔应位于套筒上方，使用单套筒灌浆专用工具或设备进行压力灌浆，灌浆料从套筒一端进浆孔注入，从另一端出浆口流出后，进浆、出浆孔接头内灌浆料浆面均应高于套筒外表面最高点。

（4）套筒灌浆施工后，灌浆料同条件养护试件的抗压强度达到 35 MPa 后，方可进行对接头有扰动的后续施工。其施工流程示意如图 2-44 所示。

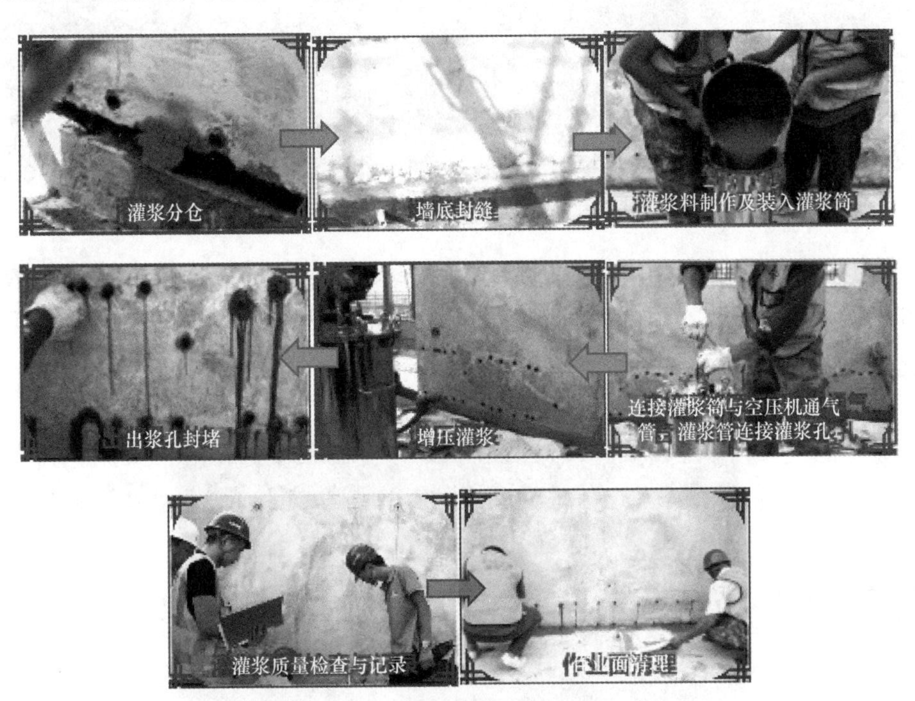

图 2-44　套筒灌浆连接施工流程示意

4．钢筋套筒灌浆连接适用范围

钢筋套筒灌浆连接适用于装配整体式混凝土结构中直径为 12 ～ 40 mm 的 HRB400、HRB500 级钢筋的连接，包括预制框架柱和预制梁的纵向受力钢筋、预制剪力墙竖向钢筋等的连接，也可适用于既有结构改造现浇结构竖向及水平钢筋的连接。

2.2.3　预制构件与后浇带连接

1．后浇带节点构造要求

预制剪力墙的顶面、底面和两侧面应处理为粗糙面或制作键槽，与预制剪力墙连接的圈梁上表面也应处理为粗糙面，如图 2-45 所示。粗糙面露出的混凝土粗集料不宜小于其最大粒径的 1/3，且粗糙面凹凸不应小于 6 mm。根据《装配式混凝土结构技术规程》（JGJ 1—2014）的规定，对高层预制装配式墙体结构，楼层内相邻预制剪力墙的连接应符合下列规定：

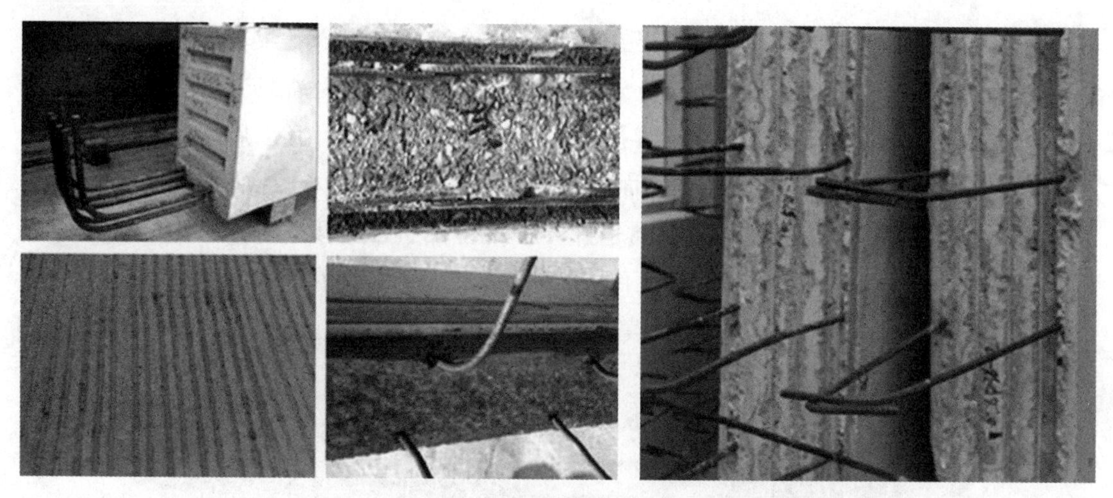

图 2-45　预制构件表面键槽和粗糙面处理示意

（1）边缘构件应现浇，现浇段内按照现浇混凝土结构的要求设置箍筋和纵筋。如图 2-46 ～图 2-48 所示。预制剪力墙的水平钢筋应在现浇段内锚固，或者与现浇段内水平钢筋焊接或搭接连接。

图 2-46　边缘构件连接示意

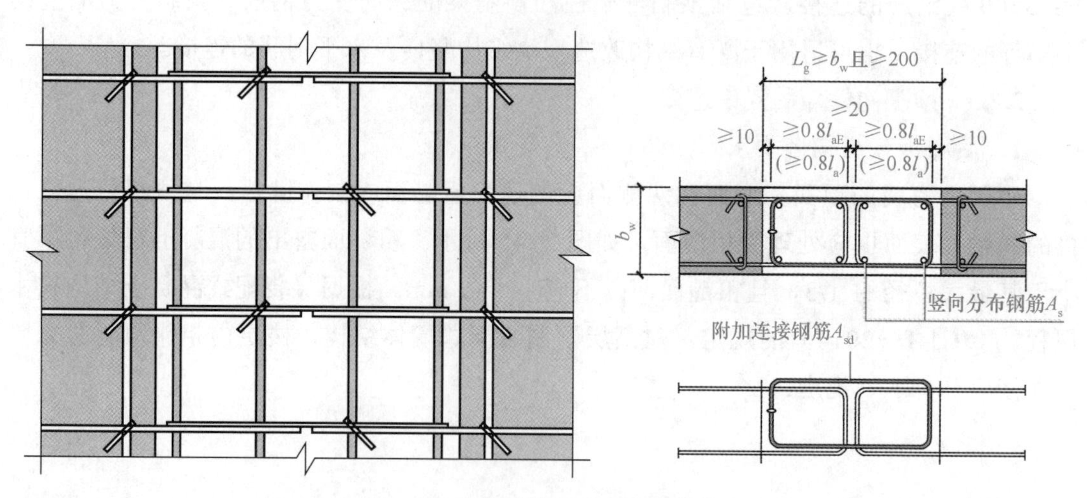

图 2-47　预制墙间的竖向接缝构造

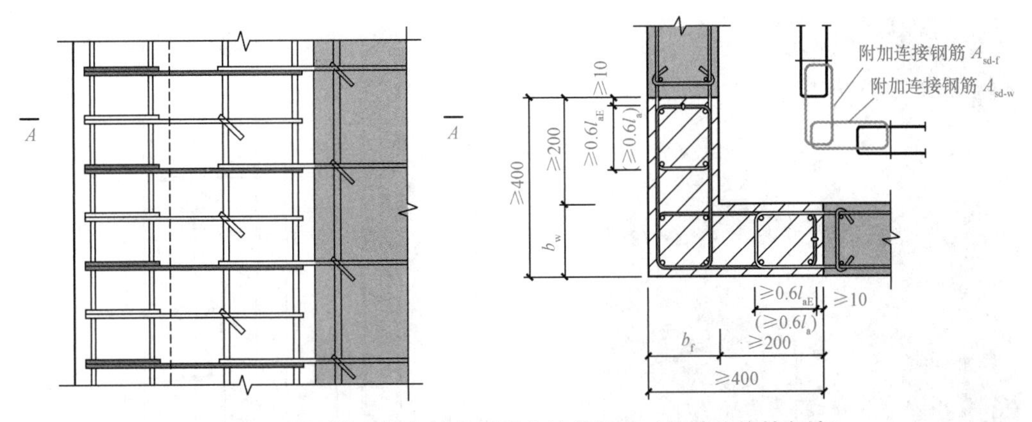

图 2-48 预制墙在转角墙处的竖向接缝构造（构造边缘转角墙）

（2）上下剪力墙板之间，先在下墙板和叠合板上部浇筑圈梁连续带后，坐浆安装上部墙板，套筒灌浆或浆锚搭接进行连接，如图 2-49 所示。

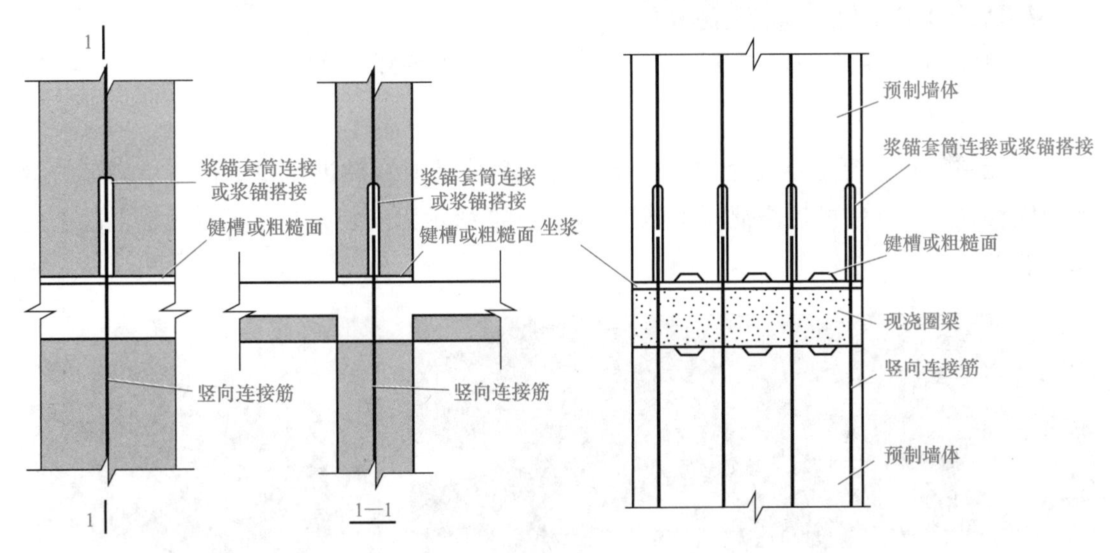

图 2-49 预制剪力墙板上下节点连接

（3）若剪力墙板底部局部套筒未对准，可使用倒链将墙板手动微调、对孔。底部没有灌浆套筒的外填充墙板直接顺着角码缓缓放下墙板。垫板造成的空隙可用坐浆方式填补（也可后填砂浆，但要密实）。为防止坐浆料填充到外叶板之间，在保温层上方采用橡胶止水条堵塞缝隙（图 2-50），预埋套筒一侧钢筋直螺纹连接后预埋在预制墙板底部，另一侧的钢筋预埋在下层预制墙板的顶部，墙板安装时，墙顶部钢筋插入上层墙底部的套筒。根据现场情况，拟采用高强度砂浆对墙体根部周围缝隙进行密封，确保注浆料不从缝隙中溢出，待封堵砂浆凝固后，对连接套筒通过灌浆孔进行灌浆处理，完成上下墙板内钢筋的连接。复核墙体的水平位置和标高、垂直度，相邻墙体的尺寸等，确保无误后向墙板内的钢筋连接套筒预留注浆孔内灌注高压浆，待发现出浆孔溢出浆料，结束灌浆。依次连续注浆完毕，如图 2-51 所示。

图 2-50　预制墙板底部连接

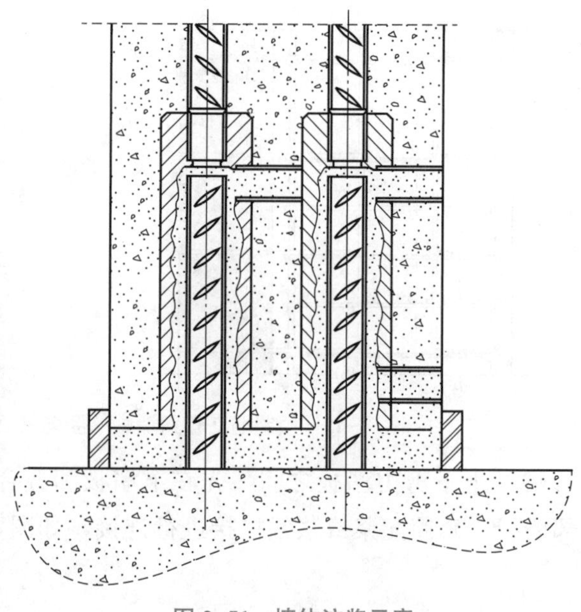

图 2-51　墙体注浆示意

2．后浇带施工

装配整体式混凝土结构竖向构件安装完成后应及时穿插进行边缘构件后浇带的钢筋和模板施工，并完成后浇混凝土施工。图 2-52 所示为安装完成后等待后浇混凝土的预制墙板。

图 2-52　安装完成后等待后浇混凝土的预制墙板

（1）钢筋施工。预制墙板连接部位宜先校正水平连接钢筋，后安装箍筋套，待墙体竖向钢筋连接完成后，绑扎箍筋，连接部位加密区的箍筋宜采用封闭箍筋；装配整体式混凝土结构后浇混凝土节点间的钢筋施工除满足本任务前面的相关规定外，还需要注意以下问题：

①后浇混凝土节点间的钢筋安装做法受操作顺序和空间的限制，与常规做法有很

大的不同，必须在符合相关规范要求的同时顺应装配整体式混凝土结构的要求。

②装配混凝土结构预制墙板间竖缝（墙板间混凝土后浇带）的钢筋安装做法按《装配式混凝土结构技术规程》（JGJ 1—2014）的要求“……约束边缘构件……宜全部采用后浇混凝土，并且应在后浇段内设置封闭箍筋。”

按《装配式混凝土结构连接节点构造》（15G310—1、2）中预制墙板间构件竖缝加附加连接钢筋的做法，如果竖向分布钢筋按搭接做法预留，封闭箍筋或附加连接（也是封闭）钢筋均无法安装，只能用开口箍筋代替，如图 2-53 所示。

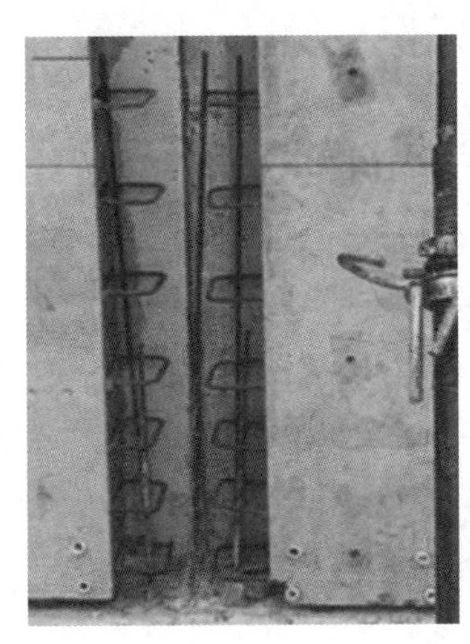

图 2-53　竖缝钢筋需另加箍筋

（2）模板安装。墙板间混凝土后浇带连接宜采用工具式定型模板支撑，除应满足本任务前面的相关规定外，还应符合下列规定：定型模板应通过螺栓（预置内螺母）或预留孔洞拉结的方式与预制构件可靠连接；定型模板安装应避免遮挡预制墙板下部灌浆预留孔洞；夹芯墙板的外叶板应采用螺栓拉结或夹板等加强固定；墙板接缝部位及与定型模板连接处均应采取可靠的密封防漏浆措施，如图 2-54 所示。

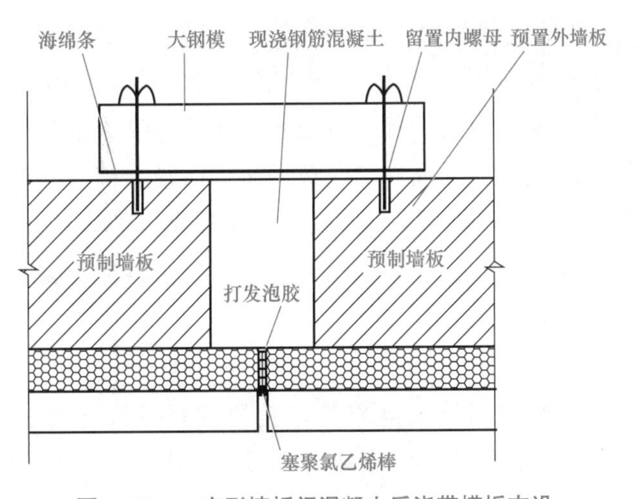

图 2-54　一字形墙板间混凝土后浇带模板支设

采用预制保温作为免拆除外墙模板（PCF）进行支模时，预制外墙模板的尺寸参数及与相邻外墙板之间拼缝宽度应符合设计要求。安装时与内侧模板或相邻构件应连接牢固并采取可靠的密封防漏浆措施，如图 2-55 所示。

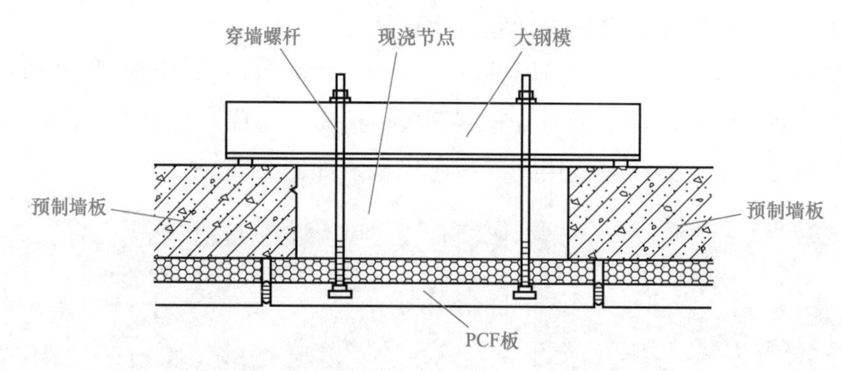

图 2-55　一字形后浇混凝土节点采用 PCF 模板支设

（3）剪力墙后浇带混凝土施工。后浇带混凝土的浇筑与养护参照混凝土施工规范的相关规定执行。预制墙板斜支撑和限位装置应在连接结点和连接接缝部位后浇混凝土或灌浆料强度达到设计要求后拆除；当设计无具体要求时，后浇混凝土或灌浆料应达到设计强度的 75% 以上方可拆除。

2.2.3　任务实施

分小组完成钢筋套筒灌浆连接施工操作。

1．灌浆分仓、封仓

预制墙板吊装就位，调校完成后，进行坐浆砂浆分仓、封仓等工序施工。分仓必须按照《钢筋套筒灌浆连接技术规程》（DB11/T 1470—2017）的规定，当用连通腔灌浆方式时，每个连通灌浆区域（仓室长度）不宜超过 1 500 mm。

2．灌浆料搅拌

采用专业公司生产的连接用高性能灌浆料，严格按照规定配合比及拌合工艺拌制灌浆材料，干料和搅拌水的用量比为 1∶0.12（质量比），即 2 袋（25 kg/ 包）灌浆料加入 6 kg 水。首先在搅拌设备中加入部分水，再倒入 2 袋灌浆料，最后添加剩余的水量。搅拌时间约为 10 min，出现均匀一致的浆体时搅拌停止。浆体需静置消泡后方可使用，静置时间为 2 min。浆体随用随搅拌，搅拌完成的浆体必须在 30 min 内使用完毕，搅拌完成后不得再次加水。每工作班应检查灌浆料拌合物初始流动度不少于一次，初始流动度≥300 mm。

3．灌浆

首先，将搅拌好的灌浆料倒入灌浆筒。盖严拧紧灌浆筒封盖，连接灌浆筒与空压机通气管。灌浆管插入灌浆孔，空压机开始增压，调节进气阀门，采用低压力灌浆工艺，通过控制灌浆筒内压力来控制灌浆过程、浆体流速。灌浆料拌合物从灌浆筒增压，通过导管经注浆孔流入腔体与套筒内。当灌浆料拌合物从构件其他灌浆孔、出浆孔流出且无气泡后及时用橡胶塞封堵。同一块预制墙板有多个灌浆仓，当存在无灌浆套筒的灌浆仓时，首先灌注无套筒的灌浆仓，有套筒的灌浆仓注浆时选择靠近无套筒的灌浆仓一侧的注浆孔。如果离无套筒的灌浆仓最近的注浆孔不便封堵，则可向相反方向顺延一个。

4．灌浆仓保压

所有灌浆套筒的出浆孔均排出浆体并封堵后，调低灌浆设备的压力，开始保压（0.1 MPa），保压 1 min。保压期间随机拔掉少数出浆孔橡胶塞，观察到灌浆料从出浆孔喷涌出时，要迅速再次封堵。经保压后拔除灌浆管，拔除灌浆管到封堵橡胶塞时间间隔不得超过 1 s，避免灌浆仓内经过保压的浆体溢出灌浆仓，造成灌浆不实。

5．填写灌浆施工检查记录表

灌浆施工必须由专职质检人员及经理人员全过程旁站监督，每块预制墙板均要填写《灌浆施工检查记录表》，并留存照片和视频资料。灌浆施工检查记录表由灌浆作业人员、施工专职质检人员及监理人员共同签字确认。

6．作业面清理

施工完成后及时清理作业面，对于不可循环使用的建筑垃圾，应收集到现场封闭式垃圾站。做到工完场清，以便后续工序施工，散落的灌浆料拌合物不得二次使用。剩余的拌合物不得再次添加灌浆料、水后混合使用。

任务 2.3　预制构件运输与堆放控制体验

2.3.1　任务陈述

预制构件的运输与堆放是装配式建筑构件施工中一个重要的环节（图 2-56）。由于城市高架桥、桥梁、隧道道路的限制，建筑预制构件尺寸不一、体形高大异形、重心不一，在吊装运输开始前，需要了解不同类型构件的运输方法及场内堆放要点。

2.3.2　知识准备

2.3.2.1　预制构件运输

1．预制构件运输前准备工作

（1）场外公路运输路线的选择应遵守《××× 道路交通运输管理规定》，要先进行路线勘测，合理选择运输路线，并对沿途具体运输障碍的路线制订措施。构件进场时间应在白天光线充足的时刻，以便对构件进行进场外观检查。

（2）对承运单位的技术力量和车辆、机具进行审验，并报请交通主管部门批准，必要时要组织模拟运输。

（3）在吊装作业前，应由技术员进行吊装和卸货的技术交底。其中指挥人员、司索人员和起重机械操作人员，必须经过专业学习并接受安全技术培训，取得《特种作业人员安全操作证》（图 2-57），所使用的起重机械和起重机具应是完好的。

图 2-56　构件运输车

图 2-57　特种作业人员安全操作证

2．预制构件运输车辆要求

（1）运输车辆外形如图 2-58 所示。

图 2-58　预制构件运输车辆外形

（2）运输车辆起步前检查。检查运输车辆的轮胎气压是否为规定值。启动发动机，观察驾驶室内的气压表，直到气压上升到 0.6 MPa 以上。推入牵引车的手刹，可听到明显急促的放气声，看见制动气室推杆缩回，解除驻车制动。检查气路有无漏气，制动系统是否正常工作。检查电路各显示灯是否正常工作，各电线接头是否结合良好。

（3）运输车辆起步。一切检查确定正常后，继续使制动系统气压（表压）上升到

0.7 ～ 0.8 MPa；然后，按牵引车的操作要求平稳起步，并检查整车的制动效果，以确保制动可靠。

（4）运输车辆行驶。经过上述操作后便可正常行驶，行驶时与一般汽车相同，但要注意以下几点：

①防止长时间使用半挂车的制动系统，以避免制动系统气压太低而使紧急制动阀自动制动车轮，出现刹车自动抱死情况。

②长坡或急坡时，要防止制动鼓过热，应尽量使用牵引车发动机制动装置制动。

③行驶时车速不得超过最高车速。

④应注意道路上的限高标志，以避免与道路上的装置相撞。

⑤由于预制板重心较高，转弯时必须严格控制车速，不得大于 10 km/h。

3．竖向预制构件的运输

（1）运输应考虑公路管理部门的要求和运输线路的实际情况，以满足运输安全为前提。装载构件后，货车的总宽度不得超过 2.5 m，货车高度不得超过 4.0 m，总长度不得超过 15.5 m。一般情况下，货车总重量不得超过汽车的允许载重，且总高度不得超过 4.2 m、总长度不超过 24 m、总载重不得超过 48 t。

（2）竖向预制构件通过专用运输车运输到工地，运输车分人字架运输车（斜卧式运输）（图 2-59）和立式运输车（图 2-60）。

（3）当采用人字架运输车运输构件时，人字架应具有足够的承载力和刚度，与地面倾斜角度宜大于 80°；墙板宜对称靠放且外饰面朝外，构件上部宜采用木垫块隔离；运输时构件应采取固定措施。

图 2-59　人字架运输车

图 2-60　立式运输车

（4）当采用立式运输车运输构件时，宜采取直立运输方式；插放架应有足够的承载力和刚度，并应支垫稳固。

（5）运输装车时先在车厢底板上做好支撑和减振措施，以防构件在运输途中因振动而受损，如装车时先在车厢底板上铺两根 100 mm×100 mm 的通长木方，木方上垫 15 mm 以上的硬橡胶垫或其他柔性垫。

4．水平预制构件的运输

（1）构件运输前，根据运输需要选定合适、平整、坚实路线。

（2）在运输前，应按清单仔细校核各预制构件的型号、规格、数量及是否配套。

（3）水平预制构件中大多数预制构件必须采用平运法，不得竖直运输。

（4）预制构件重叠平运时，各层之间必须放 100 mm×100 mm 木方支垫，且垫块位置应保证构件受力合理，上下对齐。

（5）预制构件应分类重叠码放储存。

（6）运输前要求预制构件厂按照构件的编号，统一利用黑色签字笔在预制构件侧面及顶面醒目处做标识及吊点。

（7）运输车根据构件类型设专用运输架或合理支撑点，且需有可靠的稳定构件措施，用钢丝带加紧固器绑牢，以防构件在运输时受损。

（8）车辆启动应慢、车速行驶均匀，严禁超速、猛拐和急刹车。

5．运输的安全管理及成品保护

（1）为确保行车安全，应进行运输前的安全技术交底。

（2）在运输中，每行驶一段（50 km 左右）路程要停车检查钢构件的稳定和紧固情况，如发生移位、捆扎和防滑垫块松动，要及时处理。

（3）在运输构件时，根据构件规格、质量选用汽车和起重机车，大型货运汽车载物高度从地面起不准超过 4 m、宽度不得超过车厢、长度不准超出车身。

（4）封车加固的钢丝、钢丝绳必须保证完好，严禁用已损坏的钢丝、钢丝绳进行捆扎。

（5）构件装车加固时，用钢丝或钢丝绳拉牢紧固，形式应为八字形、倒八字形，交叉捆绑或下压式捆绑。

（6）在运输过程中要对预制构件进行保护，最大限度地消除和避免构件在运输过程中的污染与损坏。重点做好预制楼梯板的成品面防碰撞保护，可采用钉制废旧多层板进行保护。

2.3.2.2 预制构件堆放控制

1．预制构件的标识

预制构件验收合格后，应在明显的部位标识构件型号、生产日期和质量验收合格标志或粘贴上二维码，利用手机扫描二维码方式读取构件相关信息。预制构件脱模后应在其表面醒目位置，按照构件设计制作图规定对每个构件进行编码（图 2-61）。预制构件生产企业应按照有关标准规定或合同要求，对其供应的产品签发产品质量证明书，并明确重要参数，对其特殊要求的产品还需提供安装说明书。

图 2-61 预制构件标识

2．竖向预制构件的码放储存

（1）预制构件码放储存通常可采用平面码放和竖向固定码放两种方式。其中需采用竖向固定码放储存的预制构件是墙板构件（图 2-62 和图 2-63）。

图 2-62　墙板立式码放存储架

图 2-63　墙板集装箱式码放存储架

（2）墙板的竖向固定式码放储存通常采用存储架来固定，固定架有多种方式，可分为墙板固定式码放存储架（图 2-64）、墙板模块式码放存储架（图 2-65）。模块式码放支架还可以设计成墙板专用码放存储架（图 2-66）或墙板集装箱式码放存储架。

（3）预制构件堆放储存应符合下列规定：堆放场地应该平整、坚实，并且要有排水措施，预制构件堆放应将预埋吊件朝下，标识宜朝向堆垛间的通道，堆放构件时支垫必须坚实，垫木或垫块在构件下的位置宜与脱模、吊装时的起吊位置保持一致。重叠堆放构件时，每层构件间的垫木或垫块应保持在同一垂直线上。堆垛层数应该根据构件与垫木或垫块的承载能力及堆垛的稳定性来确定，并根据需要采取防止堆垛倾覆的措施。堆放预应力预制构件时，应根据预制构件起拱值的大小和堆放时间采取相应的措施。

（4）预制构件的运输应制订运输计划及相关方案，其中包括运输时间、次序、堆放场地、运输线路、固定要求、堆放支垫及成品保护措施等内容。超高、超宽、形状特殊的大型构件的运输和堆放应采取专门质量安全保护措施。

图 2-64　墙板固定式码放存储架

图 2-65　墙板模块式码放存储架

图 2-66　墙板专用码放存储架

3．预制叠合板的现场堆放

（1）预制叠合板进场后应堆放于地面平坦处，堆放场地应平整夯实，并设有排水措施，堆放时底板与地面之间应有一定的空隙。

（2）垫木放置在桁架侧边，板两端（至板端 200 mm）及跨中位置均应设置垫木且间距不大于 1.6 m。垫木应上下对齐。不同板号应分别堆放，堆放高度不宜大于 6 层，堆放时间不宜超过两个月。

（3）堆放或运输时，预制板不得倒置。预应力带肋混凝土叠合楼板施工现场堆放示意如图 2-67 所示，垫木摆放示意如图 2-68 所示。

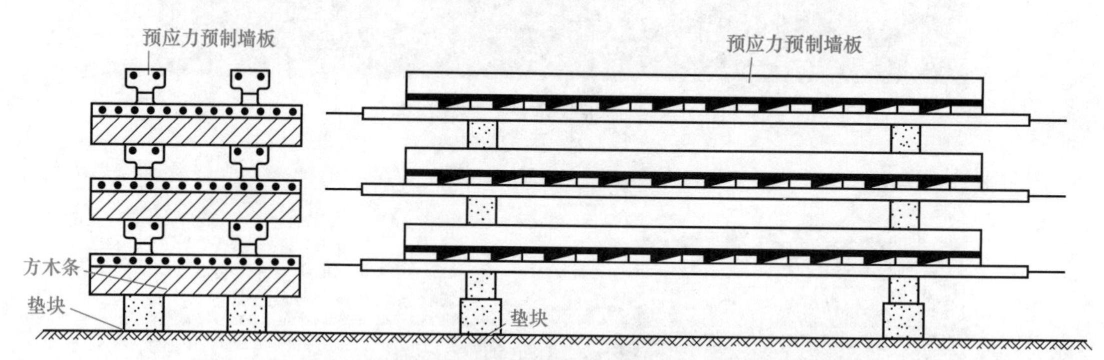

图 2-67　预应力带肋混凝土叠合楼板施工现场堆放示意

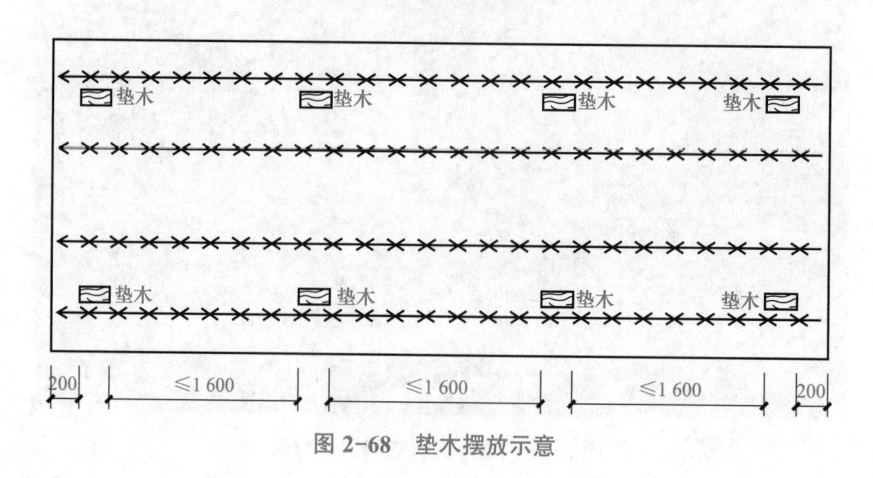

图 2-68　垫木摆放示意

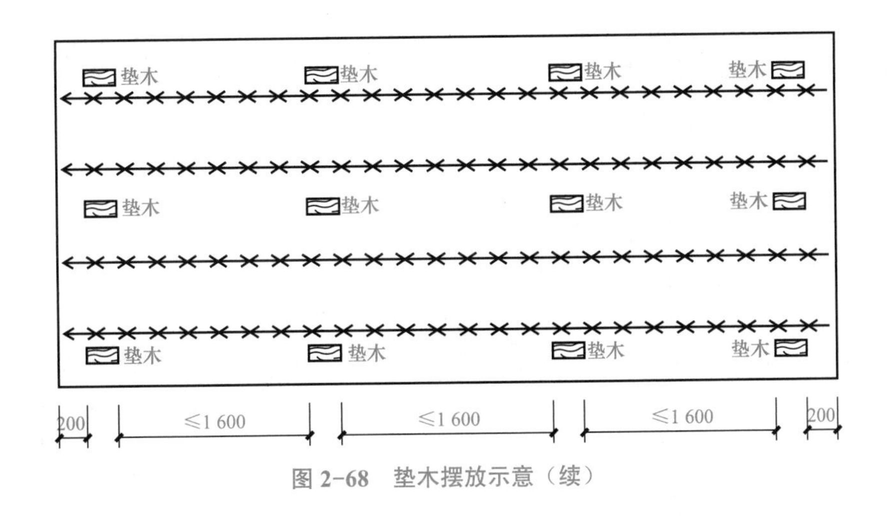

图 2-68　垫木摆放示意（续）

2.3.3　任务实施

预制构件运输与堆放控制体验可以通过装配式建筑虚拟仿真实训软件来进行。其主要工序为施工前准备、构件检测、装车机具选择、路线选择、构件装车码放、构件运输、构件卸车及临时码放。可以预制混凝土剪力墙外墙板为运输实例进行模拟仿真，具体仿真操作如下。

1. 练习或考核计划下达

计划下达分两种情况，第一种：练习模式下学生根据学习需求自定义下达计划；第二种：考核模式下教师根据教育计划及检查学生掌握情况下达计划并分配给指定学生进行训练或考核，如图 2-69、图 2-70 所示。

2. 登录系统查询操作计划

输入用户名及密码登录，选择对应模块进行计划下达，如图 2-71 所示。

新之筑　装配式建筑虚拟仿真软件 —— 构件运输模块 ——　00:02:00　用户名　帮助　设置　提交

构件信息列表

规格	强度等级	楼层	抗震等级	数量	加入任务
2640*2400*200	C30	1	一级		加入任务
2640*2400*200	C30	1	一级		加入任务
2640*2400*200	C30	2	一级		加入任务
2640*2400*200	C30	3	一级		加入任务
2640*2400*300	C30	3	一级		加入任务
3000*2800*300	C30	3	一级		加入任务
2640*2400*300	C30	3	一级		加入任务

生产任务计划列表

序号	编号	规格	强度等级	楼层	抗震等级
1	WQCA-3028-1516	3000*2800*300	C30	3	一级
2	WQCA-3028-1516	3000*2800*300	C30	3	一级
3	WQCA-3028-1516	3000*2800*300	C30	3	一级
4	WQCA-3028-1516	3000*2800*300	C30	3	一级

工况设置

开始生产

图 2-69　学生自主下达计划

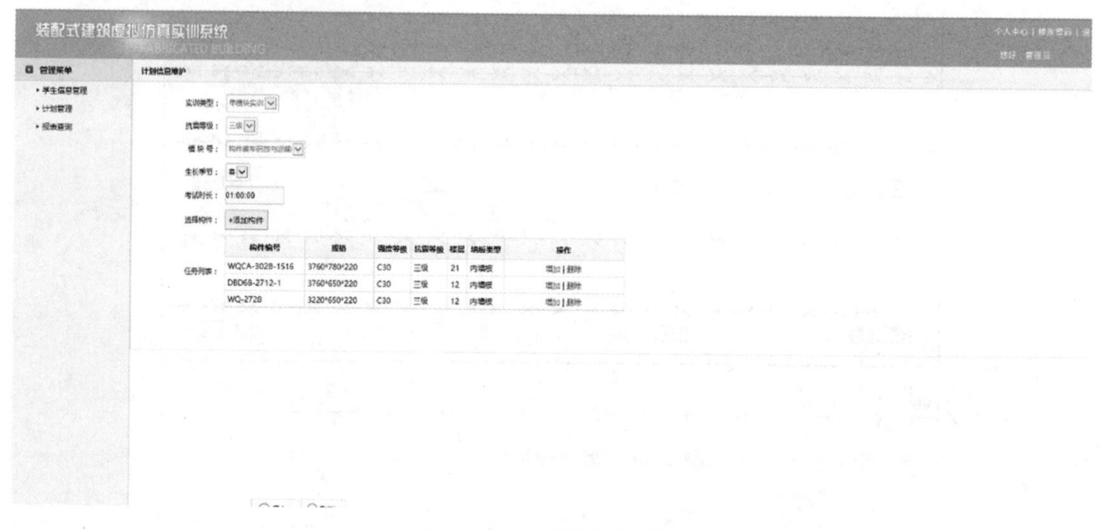

图 2-70　教师下达计划

图 2-71　系统登录

3．任务查询

学生登录系统后查询施工任务，根据任务列表，明确任务内容，做好任务分配和进度计划，如图 2-72 所示。

4．施工前准备

工作开始前首先进行施工前准备、着装检查和杂物清理及施工前注意事项了解，本次操作任务为带窗口空洞的夹芯墙板的运输操作，如图 2-73 所示。

图 2-72　任务查询

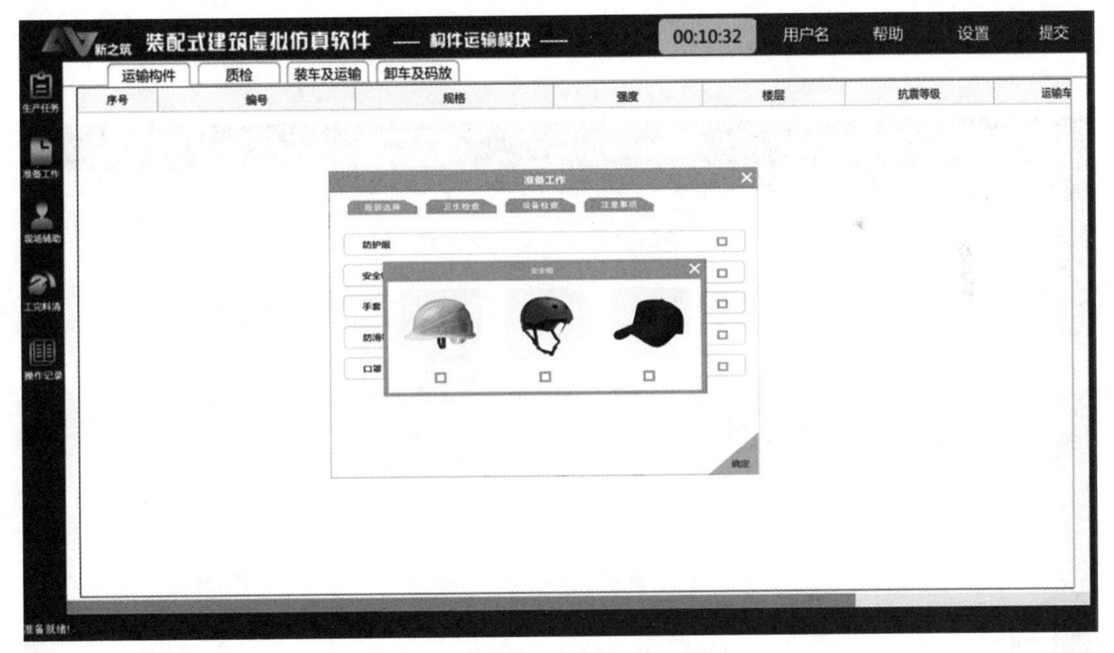

图 2-73　施工前准备

5．构件装车码放

（1）选择运输构件。根据计划或施工需求选择运输的目标构件，如图 2-74 所示。

（2）出场质量检测。对出场构件依次进行尺寸测量检测、平整度检测、外观质量检测、构件强度检测、构件生产信息检测等，对不符合标准的构件进行剔除或修复处理。预制墙板高度允许偏差为 ±4 mm，厚度允许偏差为 ±3 mm，检测标准完全依照国家标准进行设计及评判，如图 2-75～图 2-79 所示。

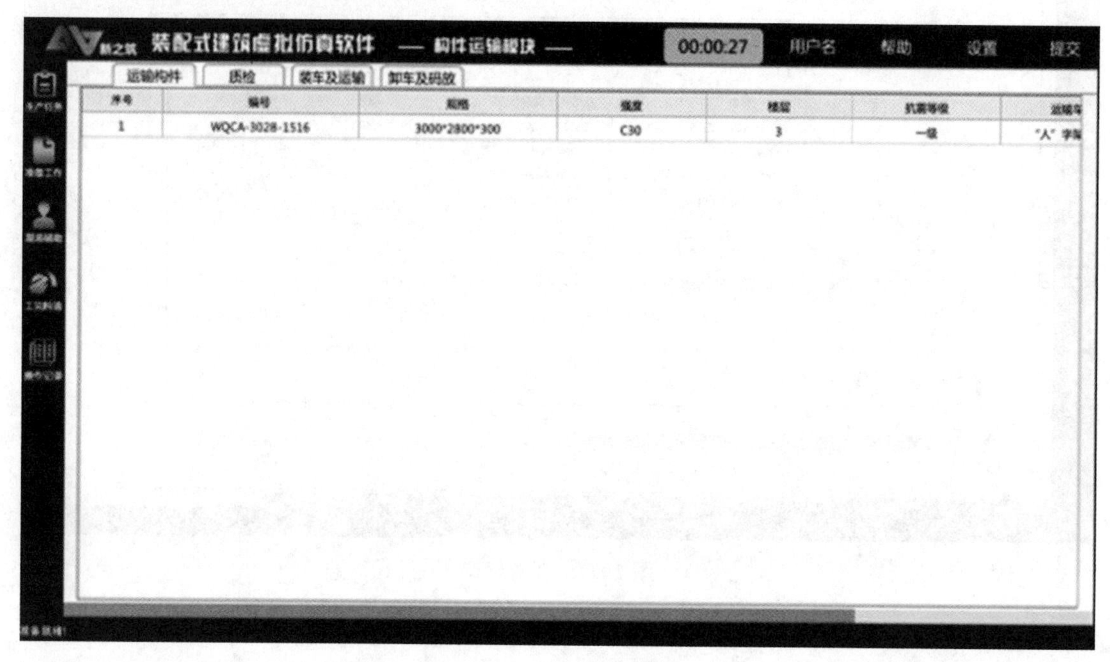

图 2-74　选择运输构件

图 2-75　构件尺寸检测（控制端）

图 2-76　构件尺寸检测（虚拟端）

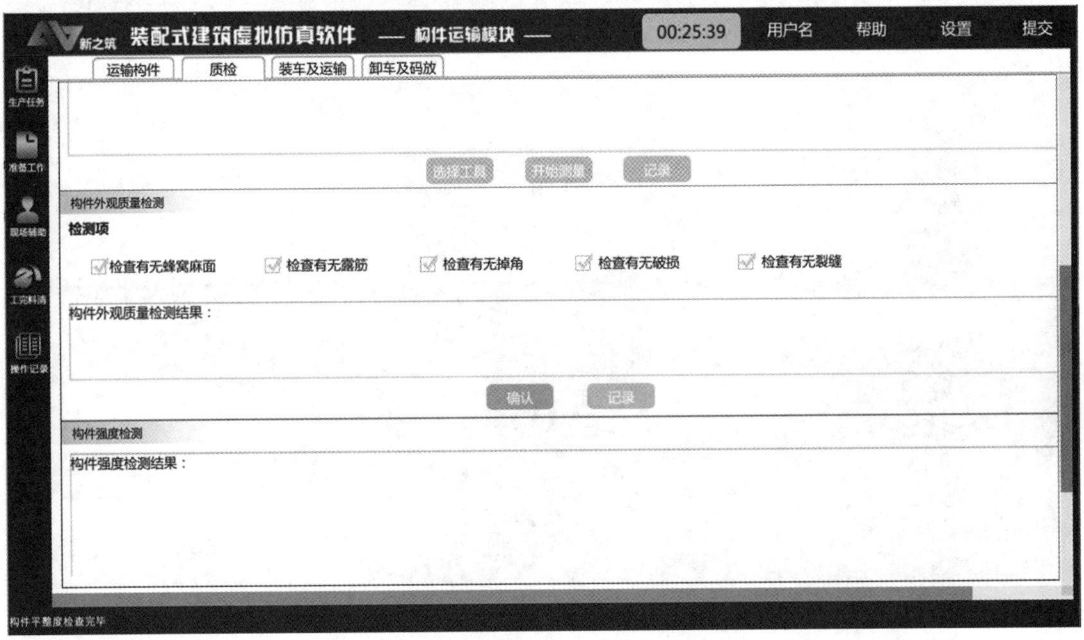

新之筑　装配式建筑虚拟仿真软件　—— 构件运输模块 ——　00:25:39　用户名　帮助　设置　提交

生产任务　准备工作　现场辅助　工完料清　操作记录

运输构件　质检　装车及运输　卸车及码放

选择工具　开始测量　记录

构件外观质量检测

检测项

检查有无蜂窝麻面　检查有无露筋　检查有无掉角　检查有无破损　检查有无裂缝

构件外观质量检测结果：

确认　记录

构件强度检测

构件强度检测结果：

构件平整度检查完毕

图 2-77　构件外观质量检测（控制端）

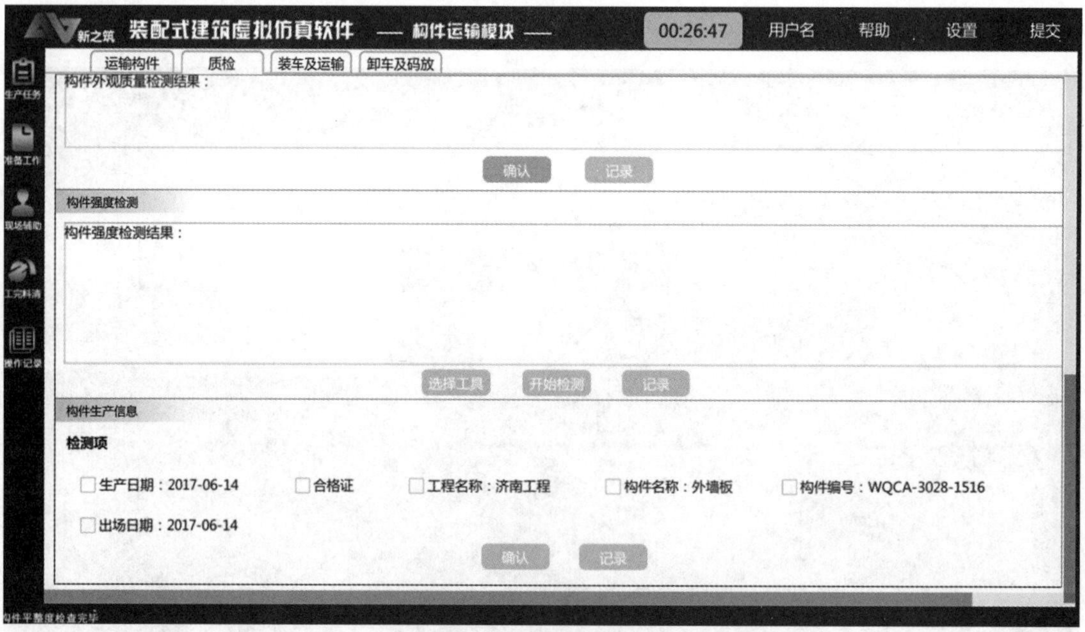

图 2-78　构件强度检测及生产信息检测（控制端）

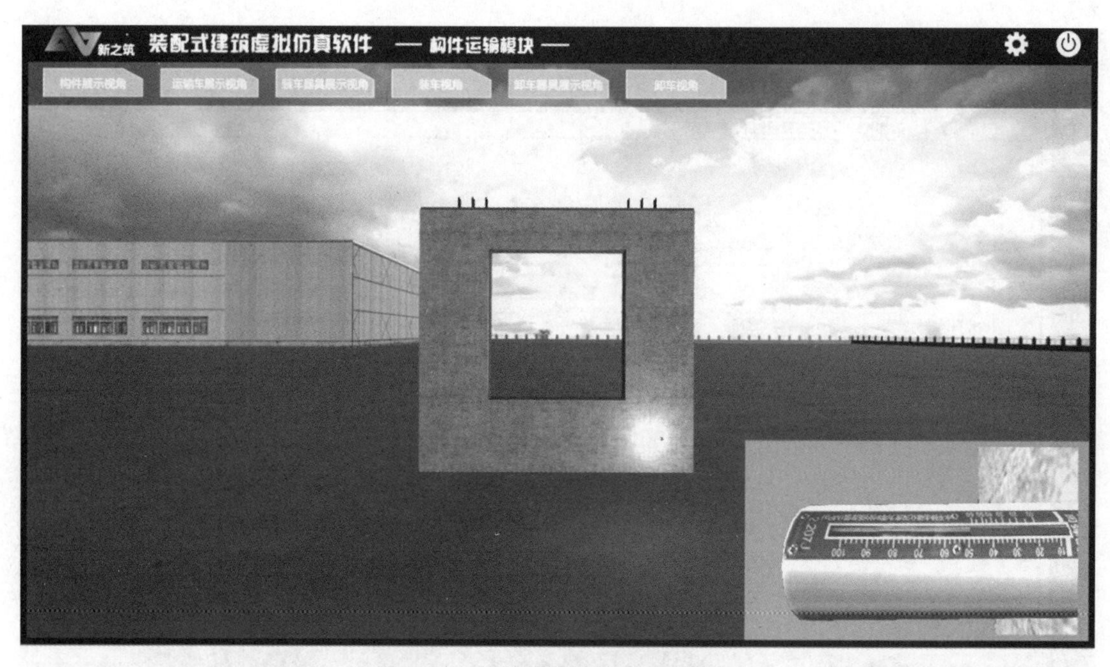

图 2-79　构件强度检测（虚拟端）

（3）选择吊装机具。根据目标构件及成本选择合理吊装机具，吊装机具包括起重机、吊具、吊钩、货架等，如图 2-80 所示。

图 2-80　吊装机具选择（控制端）

（4）装车码放。根据构件类型，选择合适的货架及摆放方式，墙板宜采用立放方式，包括垂直放置及斜放置，本操作选用“人字架”斜放置方式，倾放角度为80°～90°。由于目标构件为外墙板，所以其外墙板外叶不应摆放在称重面。为了训练学生摆放构件，控制端采用二维方式进行构件摆放。摆放完毕后进行绑扎固定操作，如图 2-81、图 2-82 所示。

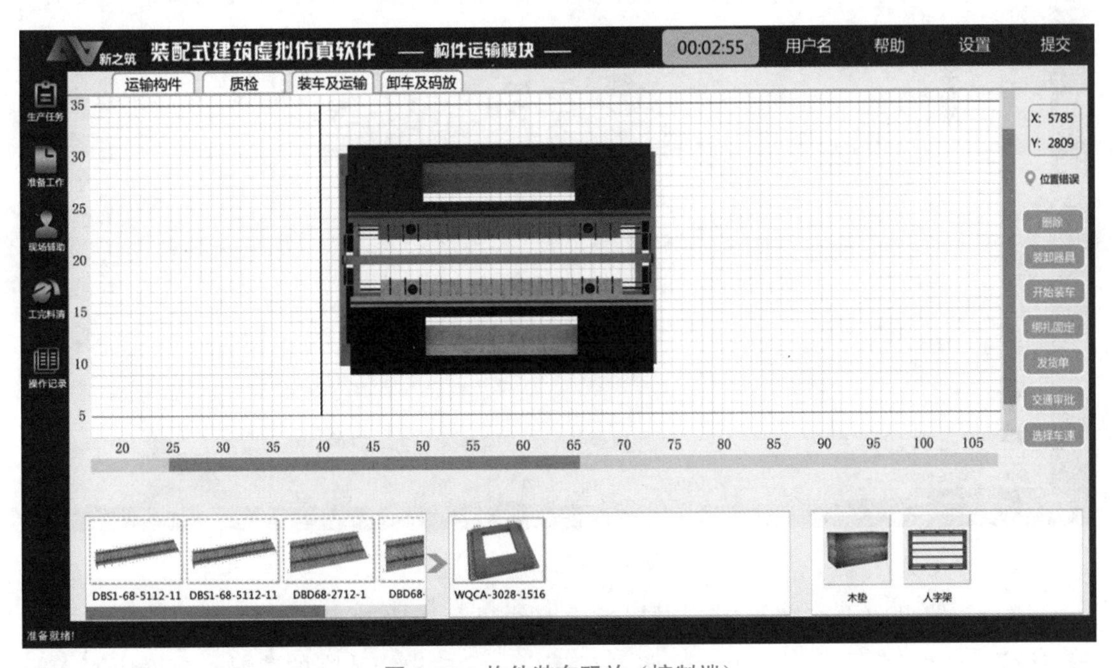

图 2-81　构件装车码放（控制端）

图 2-82　构件装车码放（虚拟端）

6．构件运输

（1）发货清单及交通审批。构件装车码放完毕后，需要填写发货清单，长、重构件还需要进行交通审批，如图 2-83 所示。

图 2-83　发货清单填写

（2）道路勘察及车速设置。根据运输路线进行道路勘察，并根据勘察情况进行车速设置，对于普通预制墙板，道路人车稀少，平摊视线清晰的情况，速度应不大于 50 km/h；道路较平的情况，速度应不大于 35 km/h；道路高低不平、坑坑洼洼的情况，速度应不大于 15 km/h，如图 2-84、图 2-85 所示。

图 2-84　运输道路勘察

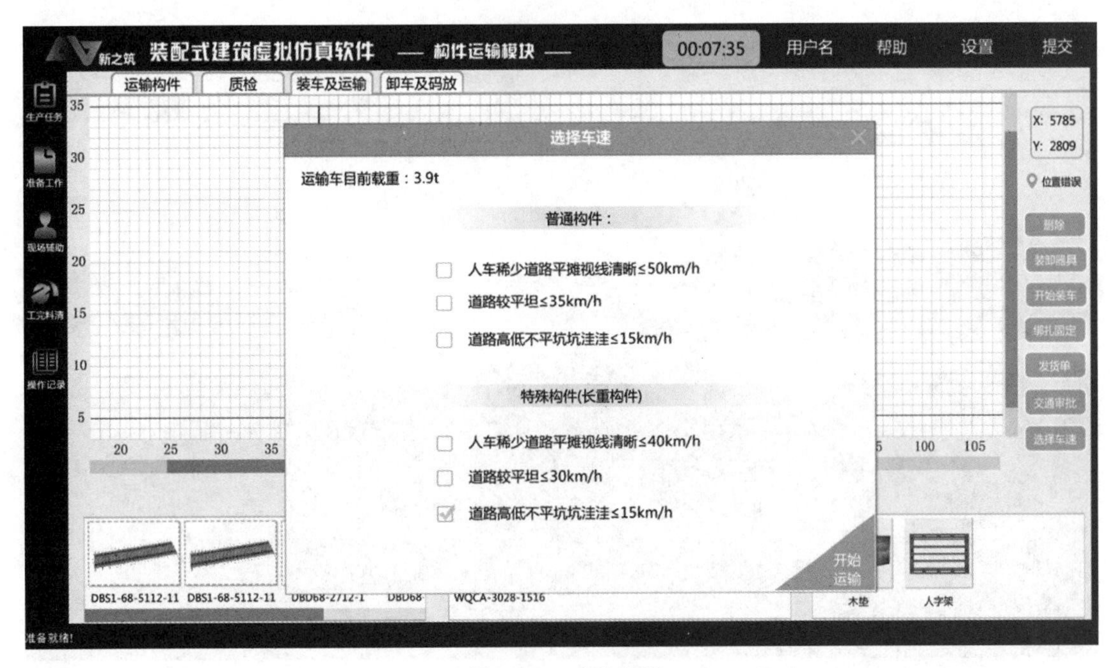

图 2-85　车速设置

（3）运输途中检查。每行驶一段（50 km 左右）路程要停车检查钢构件的稳定和紧固情况。

7. 构件卸车码放

（1）临时码放场地准备。构件运输至施工现场后，首先进行构件占地面积计算并选择合适场地，场地需要进行硬化处理、排水良好并且在起重机工作范围内，如图 2-86、图 2-87 所示。

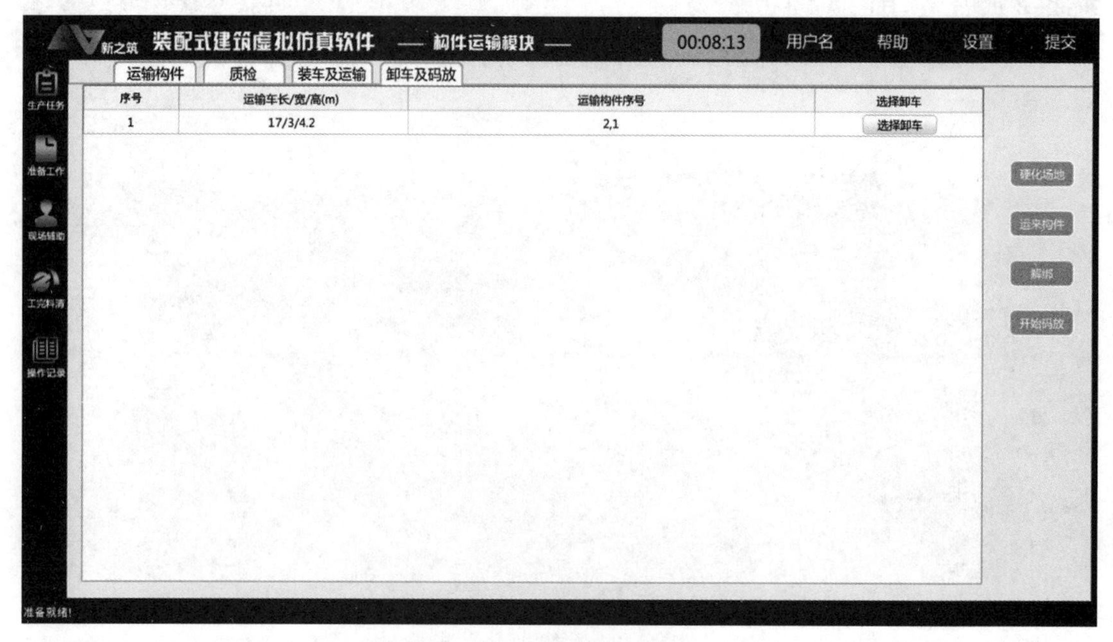

图 2-86　构件卸车码放（控制端）

图 2-87　构件卸车码放（虚拟端）

8. 操作提交

任务操作完毕后即可单击“提交”按钮进行操作提交，本次操作结束。提交后，系统会自动对本操作任务的工艺操作、成本、运输效率、运输质量、安全操作及工期等进行智能评价，形成考核记录和评分记录供教师或学生查询。

任务 2.4　装配式建筑一站式体验

2.4.1　任务陈述

装配式建筑是在构件工厂进行预制化生产，在施工现场进行安装，以标准化设计、工厂化生产、装配化施工、一体化装修和信息化管理为特征，整合从研发设计、生产制造、现场装配等各个业务领域，实现建筑产品节能、环保、全周期价值最大化的可持续发展的新型建筑生产方式。装配式建筑可以简单地理解：把建筑的各个部分在现场进行直接组装而成的建筑（图 2-88）。装配式建筑可以将各预制部件的装饰装修部位完成后再进行组装，实现了装饰装修工程与主体工程的同步进行，减少了建造过程的环节，降低了工程造价。认识并了解装配式建筑主要过程，是本任务要解决的问题。

图 2-88　装配式建筑示意

2.4.2　知识准备

2.4.2.1　装配式建筑文化体验

2015 年，我国装配式建筑相关政策文件密集出台。2015 年年末发布《工业化建筑评价标准》（GB/T 51129—2015），决定于 2016 年全国全面推广装配式建筑，并取得突破性进展；2015 年 11 月 14 日住房和城乡建设部出台《建筑产业现代化发展纲要》计划到 2020 年装配式建筑占新建建筑的比例达到 20% 以上，到 2025 年装配式建筑占新建筑的比例达到 50% 以上；2016 年 2 月 22 日国务院出台《关于大力发展装配式建筑的指导意见》要求因地制宜发展装配式混凝土结构、钢结构和现代木结构等装配式建筑，力争用 10 年左右的时间，使装配式建筑占新建建筑面积的比例达到 30%；2016 年

3月5日政府工作报告提出要大力发展钢结构和装配式建筑，提高建筑工程标准和质量；2017年年末发布《装配式建筑评价标准》（GB/T 51129—2017）；2020年7月3日住房和城乡建设部等13部门联合印发了《关于推动智能建造与建筑工业化协同发展的指导意见》，明确提出了推动智能建造与建筑工业化协同发展的指导思想、基本原则、发展目标、重点任务和保障措施。

2.4.2.2 装配式建筑构件展示体验

装配式建筑构件主要有外墙板、内墙板、叠合板、阳台板、空调板、楼梯、预制梁、预制柱等，如图2-89所示。

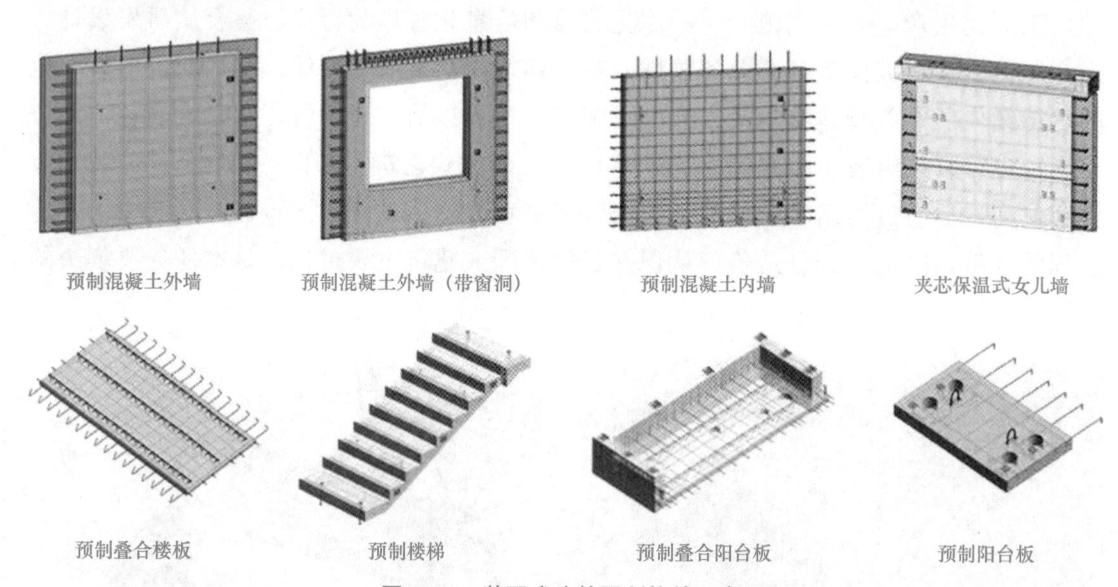

图2-89 装配式建筑预制构件示意

1. 预制叠合楼板

（1）预制叠合板。叠合板是由预制板和现浇钢筋混凝土层叠合而成的装配整体式楼板，其跨度一般为4～6 m，最大跨度可达9 m。预制板既是楼板结构的组成部分之一，又是现浇钢筋混凝土叠合层的永久性模板，现浇叠合层内可敷设水平设备管线。

叠合板的优点：叠合板具有良好的整体性和连续性，有利于增强建筑物的抗震性能；在高层建筑中叠合板和剪力墙或框架梁间的连接可靠，构造简单；随着民用建筑的发展，对建筑设计多样化提出了更高的要求，叠合板的平面尺寸灵活，便于在板上开洞，能适应建筑开间、进深多变和开洞等要求，建筑功能好；可将楼板跨度加大到7.2～9.0 m，为多层建筑扩大柱网创造了条件；采用大柱网，可减少软土地基建造桩基的费用；节约模板；薄板底面平整，建筑物顶棚不必进行抹灰处理，减少室内湿作业，加速施工进度；薄板本身制作简便，所采用的模板也很简单，便于推广；单个构件质量轻，弹性好，便于运输安装；适用对整体刚度要求较高的高层建筑和大开间建筑。

叠合板由两部分组成，预制部分多为薄板，在预制构件加工厂完成，施工时吊装就位，现浇部分在预制板面上完成，预制薄板既作为永久模板，又作为楼板的一部分承担使用荷载。预制叠合板构造如图 2-90 所示。

图 2-90　预制叠合板构造

（2）PK 预应力叠合板。PK 预应力混凝土叠合板，简称 PK 叠合板，是一种现代化工厂生产的新型建筑材料，PK 的含义是快速拼装。

PK 预应力混凝土叠合板采用先张法预应力技术，加设倒 T 形板肋的混凝土预制板，产品的受力为单向受力，但通过设置 T 形板肋留置椭圆形孔洞，将底板非预应力横向受力底钢筋穿板肋孔连接，再浇筑混凝土叠合层，从而使单向受力板变为双向受力板，并且 T 形带孔板肋与叠合层混凝土形成销插作用，保证了 PK 叠合板与混凝土的整体性，有效地避免了预制构件与现浇构件间的分离，如图 2-91 所示。

图 2-91　PK 预应力叠合板

PK 叠合板生产工艺简单，采用预应力技术，抗裂性能大大提高；板宽统一且尺寸小，易于车辆运输及吊装施工；在施工过程中大大减少了模板的使用。

2．叠合梁

叠合梁通常与叠合板配合使用，浇筑成整体楼盖。叠合梁具有良好的结构性能和经济效益，是未来混凝土梁体结构的主要发展方向。叠合梁（图 2-92）是一种预制混凝土梁，是在现场后浇混凝土而形成的整体受弯构件。一般叠合梁下部主筋已在工厂完成预制并与混凝土整浇完成，上部主筋需现场绑扎或在工厂绑扎完毕，但未包裹混凝土。

叠合梁是把整浇构件分成两部分完成：一部分为预制构件；另一部分为现浇。其中，预制部分在工厂中制作，当达到龄期后将其运到施工现场装配，再在其上浇筑叠合部分，当现浇部分产生强度后即形成了混凝土叠合装配整体式梁，简称叠合梁。叠合梁作为一种结合了整浇式钢筋混凝土梁和装配式钢筋混凝土梁两者优点的结构，具有广泛的应用范围。

叠合梁的一部分受力构造是在PC工厂制造生产的，具有较高的机械化程度，构件质量较高。预制构件的模板可重复使用，在进行现浇部分的施工时模板和脚手架可使用预制构件代替，具有省料、省工、省时的特点。结合各个截面的受力情况使用不同成分和不同等级的混凝土，节约了水泥用量。因使用强度等级较高的钢材，通常不需要设置预应力筋，可以提升构件的抗裂性，从而节省钢材。

图2-92　叠合梁

3．预制柱

柱是工程结构中主要承受压力，有时也同时承受弯矩的竖向杆件，用以支承梁、桁架、楼板等。柱按截面形式可分为方柱、圆柱、管柱、矩形柱、I形柱、H形柱、L形柱、十字形柱、双肢柱、格构柱。预制柱是指预先按设计规定尺寸制作好模板，然后浇筑成型的混凝土柱，如图2-93所示。

在装配整体式框架结构中，一般部位的框架柱采用预制柱，重要或关键部位的框架柱应现浇，如穿层柱、跃层柱、斜柱、高层框架结构中地下室部分及首层柱。

预制柱以工厂化生产，通过现场装配的方式，作为装配式建筑的主要预制承重构件，对保证结构的刚度和整体性具有关键作用。现阶段预制框架柱，通常是通过预埋于柱底内的钢筋灌浆套筒注入无收缩灌浆料拌合物，通过拌合物硬化形成整体并实现传力，使得上、下层主筋对接连接，改善了其整体性和抗震性能。按照截面形式可分为普通柱和带袖板柱（柱子两侧伸出的翼缘称为袖板，用于围成窗洞）。

图 2-93　预制柱

4. 预制剪力墙

（1）预制剪力墙外墙板。预制剪力墙外墙板是指在工厂预制完成的，内叶板为预制混凝土剪力墙、中间夹有保温层、外叶板为钢筋混凝土保护层的预制混凝土夹芯保温剪力墙墙板。内外两层混凝土板采用拉结件可靠连接，内叶板侧面在施工现场通过预留钢筋与现浇剪力墙边缘构件连接，底部通过钢筋灌浆套筒与下层预制剪力墙预留钢筋相连。

（2）预制剪力墙内墙板。预制剪力墙内墙板是指在工厂预制完成的混凝土剪力墙构件。预制剪力墙内墙板侧面在施工现场通过预留钢筋与现浇剪力墙边缘构件连接，底部通过钢筋灌浆套筒与下层预制剪力墙预留钢筋相连，如图 2-94 所示。

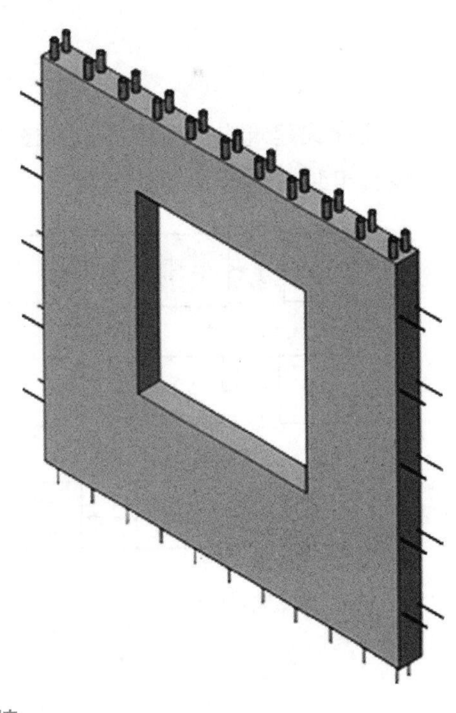

图 2-94　预制剪力墙

5．预制楼梯

预制装配式楼梯将楼梯分成休息平台板、楼梯梁、楼梯段三个部分。将构件在加工厂或施工现场进行预制，施工时将预制构件进行装配。预制装配式楼梯根据构件尺度不同可分为小型构件装配式和大、中型构件装配式两类。

预制板式楼梯是将梯斜梁和踏步板整体预制，施工时直接搭接在平台梁上的楼梯。板式楼梯配筋比较简单，只在踏步板下方铺设一层钢筋笼即可，踏步板内部无钢筋。楼梯的质量相对较重，用于 3 m 层高的普通民用住宅的预制楼梯，一跑质量为 1.5 ～ 2 t。预制板式楼梯为目前应用最多的产品，在上述楼梯结构基础上还有很多变种出现，如将楼梯和平台板同时预制的产品，或平台板部分预留钢筋，施工时将钢筋和平台板同时浇筑成型的产品。预制板式楼梯如图 2-95 所示。

图 2-95　预制板式楼梯

2.4.2.3　装配式建筑构件生产工艺体验

装配式建筑构件生产工艺如图 2-96 所示。体验内容包括模具模台清理、涂刷辅料与模具组装、检验（模具组装）、安装钢筋骨架及网片等。

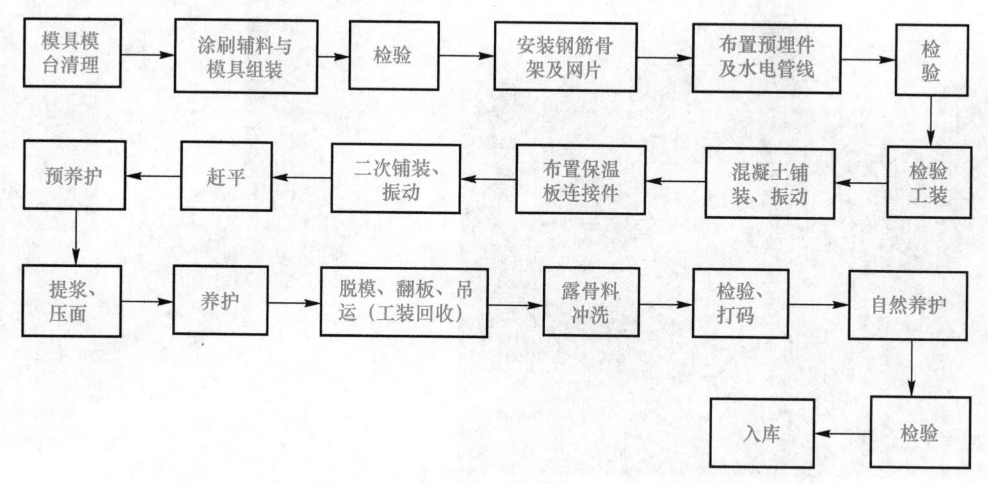

图 2-96　装配式建筑构件生产工艺

（1）模具模台清理（表 2-1）。

表 2-1　模具模台清理

工序		人数	时间/s	过程描述	要求	工艺、质量特性		检查方法	文件 / 表单
						清理部位	清洁程度		
模具模台清理	模具清理			清理模具四面附着混凝土	轻敲、铲除	非配合面	—	手摸无灰尘	《随工单》 《作业指导书》 《×××操作规程》
					磨净	配合面	—	目测光亮无异物	
	模台清理			铲除大块磨除粘点	光亮洁净	配合区域	—	目测光亮无异物手摸无灰尘、无凸起	

（2）涂刷辅料与模具组装（表 2-2）。

表 2-2　涂刷辅料与模具组装

工序		人数	时间/s	过程描述	要求	工艺、质量特性		检查方法	文件 / 表单
						测定项目	允许偏差/mm		
涂刷辅料	涂刷脱模剂			把辅料均匀涂刷在配合区域内	涂抹均匀、无积存	配合面	—	目测	《随工单》 《作业指导书》 《×××操作规程》
	涂刷露集料			涂刷侧边模配合面上下预留 3 cm	涂刷均匀、无积存、无流淌、漏涂		—		
模具组装				1. 定位； 2. 吊至模台配合区； 3. 组装模具	按《作业指导书》安装	边长	±2	钢卷尺测量	
						对角线误差	3		

（3）检验（模具组装）（表 2-3）。

表 2-3　检验（模具组装）

工序	过程描述	要求	工艺、质量特性		检查方法	文件 / 表单
			检查项目	允许偏差/mm		
检验（模具组装）	按《检验作业指导书》进行检验并做好相关检验记录	偏差在允许范围内	边长	±2	根据《检验作业指导书》进行检验	《检验记录表》 《检验作业指导书》 《质量控制点设置清单》 《过程监督检查表》
			对角线误差	3		

（4）安装钢筋骨架及网片（表 2-4）。

表 2-4　安装钢筋骨架及网片

工序		人数	时间/s	过程描述	要求	工艺、质量特性		检查方法	文件 / 表单
						测定项目	允许偏差/mm		
安装钢筋骨架及网片	钢筋安装			1. 钢筋定位； 2. 安装钢筋； 3. 模具到位； 4. 检验模具； 5. 安装网片（正打）	安装误差在允许误差内	长、宽	±5	钢卷尺测量	《随工单》 《作业指导书》 《×××操作规程》
						宽、高	±5		
						钢筋间距	±5	钢卷尺量两端、中间各一点	
	网片安装					长、宽	±5	钢卷尺测量	
				1. 安装网片； 2. 钢筋定位； 3. 模具到位； 4. 检验模具（反打）		网眼尺寸	±10	钢卷尺量连测三档，取最大值	
	保护层					钢筋混凝土保护层	±2	钢卷尺测量	
						外露筋			

（5）布置预埋预留及水电管线安装（表 2-5）。

表 2-5　布置预埋预留及水电管线安装

工序		人数	时间/s	过程描述	要求	工艺、质量特性		检查方法	文件 / 表单
						测定项目	允许偏差/mm		
布置预埋预留及水电管线安装	钢筋连接套筒			1. 测量定位； 2. 安装	1. 按中心线和垂直度要求放置； 2. 保证规格型号无误	中心线位置	±3	钢卷尺检查	《随工单》 《作业指导书》 《××× 操作规程》
						安装垂直度	1/40	拉水平线、竖直线测量两端差值	
	预埋件			1. 检查封堵； 2. 测量定位； 3. 安装	1. 按垂直或水平安装要求放置； 2. 数量规格无误； 3. 外露检查	中心线位置	±5	钢卷尺测量	
						安装垂直度	1/40	拉水平线、竖直线测量两端差值	
						外露长度	（+5，0）	钢卷尺测量	
	预留孔洞			1. 定位； 2. 预留	位置、尺寸、数量准确	尺寸	（+8，0）	钢卷尺测量	
						中心线位置	±5		
	水电管线等			1. 定位； 2 安装	按《布线作业图》布置	偏差	（+8，0）		
						规格型号、数量、位置、固定状况			

（6）检验（隐蔽工程验收）（表 2-6）。

表 2-6　检验（隐蔽工程验收）

工序	过程描述	要求	工艺、质量特性			检查方法	文件 / 表单
			测定项目		允许偏差 /mm		
隐蔽工程验收	按《作业指导书》《布线作业图》逐项检验并形成相关检验记录	1. 确保埋件的规格数量、定位准确无误； 2. 偏差在允许范围内； 3. 检验记录	钢筋连接套筒	中心线位置	±3	钢卷尺测量位置清点数量、规格	《隐蔽工程检验验收记录》 《布线作业图》 《质量控制点设置清单》 《过程监督检查表》
				安装垂直度	1/40		

（7）检验工装（表 2-7）。

表 2-7　检验工装

工序	过程描述	要求	工艺、质量特性		检查方法	文件 / 表单
			测定项目	允许偏差		
检验工装	检验生产所用的各种工装夹具	1. 保证工具洁净； 2. 固定位置放置； 3. 按分类放置	各种工装夹具	—	目测	《随工单》 《作业指导书》 《××× 操作规程》

（8）混凝土铺装、振动（表 2-8）。

表 2-8　混凝土铺装、振动

工序	人数	时间 /s	过程描述	要求	工艺、质量特性		检查方法	文件 / 表单
					测定项目	允许偏差 /mm		
混凝土铺装			1. 混凝土布料； 2. 平整	厚度满足图纸要求	布料厚度	±3	钢卷尺测量	《随工单》 《混凝土检验》 《作业指导书》 《布料机安全操作规程》
振动			1. 振动； 2. 密实无气泡	振捣密实、无离析	—	—	目测无明显气泡	
注：1. 振捣不到位：有气泡、不密实； 2. 振捣过位：离析、泌水。								

（9）布置保温板、连接件（表 2–9）。

表 2–9　布置保温板、连接件

工序	人数	时间/s	过程描述	要求	工艺、质量特性		检查方法	文件 / 表单
					测定项目	允许偏差 /mm		
布置保温板、连接件			1. 铺保温板并整平； 2. 立直插连接件	详见《作业指导书》《×××操作规程》	保温板平整度	—	目测	《随工单》《作业指导书》《×××操作规程》
					连接件数量、位置、高度	—		

（10）二次铺装、振动（表 2–10）。

表 2–10　二次铺装、振动

工序		人数	时间/s	过程描述	要求	工艺、质量特性		检查方法	文件 / 表单
						检测项目	允许偏差 /mm		
二次铺装、振动	二次铺装			铺装混凝土	保证浇筑时间、均匀浇筑、无溢漏料	—	—	目测无上浮无气泡	《随工单》《混凝土检验》《作业指导书》《×××操作规程》
	振动			振动时稳定填充物位置	填充物无移位，混凝土密实、目测表面无明显气泡、无离析	—	—		
注：本工序布料铺装完成后须将外溢料、模具模台附着混凝土清理干净。									

（11）预养护（表 2–11）。

表 2–11　预养护

工序	时间	过程描述	要求	工艺、质量特性		检查方法	文件 / 表单
				测量项目	预养温度		
预养护	1～3 h	1. 移动模台； 2. 构件人位； 3 检查初凝	1. 安全移动模台； 2. 记录入库时间	温度	＜ 40 ℃	1. 移动区无人； 2. 入库 1 h 后，观察一次初凝状况	《作业指导书》《模台操作规程》《构件预养检验指导书》《预养检验记录》《随工单》
				湿度	80%		
				时间	1 ～ 3 h		

（12）提浆、压面（表 2-12）。

表 2-12 提浆、压面

工序			人数	时间/s	过程描述	要求	工艺、质量特性		检查方法	文件 / 表单
							检查项目	要求偏差/mm		
提浆压面	提浆				1. 人工提浆； 2. 电动三分之一提浆	表面平整、无石子外露	—	—	目测	《随工单》 《作业指导书》 《拉毛机操作规程》 《模台安全操作规程》
提浆压面	压面				1. 人工压面； 2. 电动三分之一压面	平整、无纹、无气泡 压光方向一致	平整度	1 ～ 2	钢卷尺测量	《随工单》 《作业指导书》 《拉毛机操作规程》 《模台安全操作规程》
提浆压面	拉毛	机械拉毛			1. 移动模台； 2. 观察混凝土； 3. 调整机器； 4. 拉毛	1. 按《模台操作规程》操作； 2. 混凝土达到初凝； 3. 拉毛	拉毛深度	6	钢卷尺测量	《随工单》 《作业指导书》 《拉毛机操作规程》 《模台安全操作规程》
提浆压面	拉毛	人工拉毛			1. 观察混凝土； 2. 拉毛	1. 混凝土达到初凝； 2. 用钢筋叉拉毛	拉毛深度	6	钢卷尺测量	《随工单》 《作业指导书》 《拉毛机操作规程》 《模台安全操作规程》
注：本工序完成后须将外溢料、模具模台附着混凝土及工序范围内垃圾清理干净。										

（13）养护（表 2-13）。

表 2-13 养护

工序	人数	时间/s	过程描述	要求	工艺、质量特性		检查方法	文件 / 表单
					测量项目	允许偏差		
养护	1	＞ 10 h	操作码垛机将模台送入养护库	1. 注意模台的安全操作； 2. 严重控制升降温速率； 3. 当环境温差比较大时要做好相应的覆膜养护	恒温养护时间	＞ 4 h	定时观察温度表并形成养护温度记录表	《作业指导书》 《构件养护检验指导书》 《养护温度记录表》 《随工单》
					湿度	80%		
					温度	＜ 60 ℃		
					升温速度	（10 ～ 20）℃ /h		
					降温速率	10 ℃ /h		
注：构件进入养护库后，填写《生产日报表》，于次日 8 点上报生产部，报表信息要求真实准确。								

（14）脱模、翻板、吊装（表 2-14）。

表 2-14　脱模、翻板、吊装

<table>
<tr><th colspan="2" rowspan="2">工序</th><th rowspan="2">人数</th><th rowspan="2">时间/s</th><th rowspan="2">过程描述</th><th rowspan="2">要求</th><th colspan="2">工艺、质量特性</th><th rowspan="2">检查方法</th><th rowspan="2">文件 / 表单</th></tr>
<tr><th>项目</th><th>允许强度</th></tr>
<tr><td rowspan="6">脱模翻板吊装</td><td>拆模</td><td rowspan="5"></td><td rowspan="5"></td><td>1. 拆螺栓；
2. 分离；
3. 检测强度；
4. 起吊模具</td><td>1. 清理螺纹灰尘、松螺母；
2. 用航吊吊离；
3. 保证构件强度；
4. 安全、平稳起吊</td><td>墙板
楼板</td><td>＞ 15 MPa</td><td>自检、回弹仪检测</td><td rowspan="4">《随工单》
《模台安全操作规程》
《航吊操作规程》
《构件生产操作规程》
《作业指导书》</td></tr>
<tr><td>翻板</td><td>1. 平移模台；
2. 按《模台安全操作规程》操作翻板机</td><td>1. 注意安全；
2. 木方支撑；
3. 固定吊钩；
4. 保持吊带受力；
5. 翻板</td><td>部分构件</td><td>—</td><td>自检</td></tr>
<tr><td rowspan="2">移位</td><td rowspan="2">1. 垂直起吊；
2. 移动位置</td><td rowspan="2">1. 起吊匀速、平稳；
2. 保证构件和操作人员安全</td><td>墙板、楼板</td><td>＞ 20 MPa</td><td rowspan="2">回弹仪检测</td></tr>
<tr><td>梁柱</td><td>＞ 30 MPa</td></tr>
<tr><td>埋件工装回收</td><td>1. 拆卸工装；
2. 回收</td><td>1. 保护构件并轻卸工装；
2. 清理</td><td>—</td><td>—</td><td>按《作业指导书》清点工装数量</td><td></td></tr>
<tr><td>运送</td><td></td><td></td><td></td><td></td><td></td><td></td><td></td><td></td></tr>
</table>

（15）露集料冲洗（表 2-15）。

表 2-15　露集料冲洗

工序	人数	时间 /s	过程描述	要求	检查方法	文件 / 表单
洗板	2	10	将构件涂刷露集料区域冲洗干净	1. 冲洗干净； 2. 露出集料 6 mm	—	《随工单》

（16）检验、标识（表 2-16）。

表 2-16　检验、标识

工序	人数	时间 /s	过程描述	要求	检查方法	相关文件 / 标准
检验标识	2	10	1. 检验； 2. 标识	1. 按《产品入库检验表》进行检验； 2. 喷涂清晰、字体工整、信息准确	按《作业指导书》《产品入库检验表》检验	《作业指导书》 《产成品检验标准》

2.4.2.4 装配式建筑构件装配施工体验

1．预制墙板吊装

清理安装基层表面（非常关键）→放线定位→封堵条固定→构件底部垫片卡设置→构件吊放安装→斜向支撑与固定件安装→构件调整对齐（垂直度测设）→连接点钢筋绑扎、管线、线盒敷设→接缝周边封堵→套筒灌浆→现浇连接点支模→现浇连接点混凝土浇筑→拆除装配式支撑。预制墙板吊装如图 2-97 所示。

图 2-97　预制墙板吊装

2．预制叠合板吊装

架设三脚支撑→清理支座面→吊装预制叠合板→封堵预制构件接缝→安装侧面及开口处模板→安装管线、盒等预埋件→安装对接处配筋、附加配筋→安装板上层钢筋→表面湿润→浇筑混凝土→拆除装配支撑。预制叠合板吊装如图 2-98 所示。

图 2-98　预制叠合板吊装

2.4.2.5 装配式建筑深化设计体验

对装配式建筑进行深化设计，是实现预制装配结构设计的关键。在现阶段，平面设计多使用传统的 CAD 软件，绘图工作量非常大，由于缺少空间思维，一些错误在二维平面中不能被及时发现，容易造成工作量的反复，对后期模具和构件生产安装造成一定影响。对于装配式建筑从业者来说，通过深化设计软件，可以帮助解决 CAD 绘图效率低、工作量大等问题，大幅度提高绘图效率。

通过深化设计可以重点解决构件连接构造、水电管线预埋、门窗及其埋件的预埋、吊装及施工必需的预埋件、预留孔洞等问题，同时，可提高模具加工和构件生产效率、解决现场施工吊运能力限制等因素。一般每个预制构件都要绘制独立的构件模板图、配筋图、预留预埋件图，复杂情况需要制作三维视图。构件模板图、配筋图、预留预埋件图等在符合现行国家标准图集的基础上可直接选用标准图集的构造做法。

2.4.3 任务实施

将一个自然班分成四个基本小组完成装配式建筑一站式体验教育。

1．装配式建筑文化体验

在历史文化展区，了解装配式建筑在国内外的发展历程，如图 2-99 所示。

图 2-99　装配式建筑文化体验

2．装配式建筑构件展示体验

在预制构件展区，主要展示装配式建筑中常见的预制叠合板、PK 叠合板、预制墙板、预制叠合梁、预制楼梯等构件，如图 2-100 所示。

3．装配式建筑构件生产工艺体验

在构件模拟生产区，分组进行模具模台清理、涂刷辅料、模具组装、检验、安装钢筋骨架及网片等生产工艺，如图 2-101 所示。

图 2-100　装配式建筑构件展示体验

图 2-101　装配式建筑构件生产工艺体验

4．装配式建筑构件装配施工体验

在构件装配施工区，分组体验预制墙板、预制叠合板、预制楼梯等预制构件的吊装工艺，如图 2-102 所示。

5．装配式建筑深化设计体验

体验馆内安装有装配式建筑深化设计软件，学员可进行叠合梁、叠合板、剪力墙、预制楼梯等构件的深化设计学习，如图 2-103 所示。

图 2-102　装配式建筑构件装配施工体验

图 2-103　装配式建筑深化设计体验

小　结

通过本项目的学习，学习者应达到以下要求：

掌握预制框架柱、预制混凝土剪力墙、预制混凝土外墙挂板、预制混凝土梁、预制混凝土楼板、预制混凝土楼梯等构件吊装质量安全控制内容；掌握钢筋套筒、钢筋套筒灌浆、预制构件与后浇带等构件连接控制要求；掌握预制构件运输与堆放控制要求；掌握装配式建筑文化、装配式建筑构件展示、装配式建筑构件生产工艺、装配式建筑构件装配施工、装配式建筑深化设计等体验要求。

练　习

1. 简述预制框架柱、预制混凝土剪力墙、预制混凝土外墙挂板吊装质量安全控制内容。

2. 简述预制混凝土梁、预制混凝土楼板、预制混凝土楼梯吊装质量安全控制内容。

3. 简述钢筋套筒、钢筋套筒灌浆连接控制要求。

4. 简述预制构件与后浇带连接要求。

5. 简述预制构件运输与堆放控制要求。

6. 简述装配式建筑构件生产工艺要求。

7. 简述装配式建筑构件装配施工要求。

8. 简述装配式建筑深化设计要求。

项目 3 事故案例

任务 3.1 劳动防护用品事故案例

3.1.1 施工现场未佩戴安全帽

案例一：某建筑施工现场安装管道分离器，王某负责安装分离器高压管，当时因为天气炎热，就摘掉了安全帽进行工作，当他身体下蹲时，头顶中央碰撞到分离器平台钢板边缘，造成一长约为 5 cm 的伤口，如图 3-1 所示。

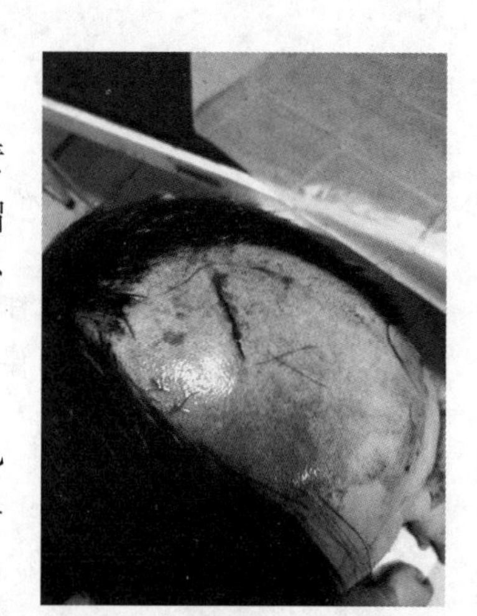

图 3-1 未佩戴安全帽事故案例

事故原因及教训：

（1）王某安全意识差，不能因为外部天气原因或其他原因而摘下安全帽，只要进入施工现场必须佩戴安全帽等劳动防护用品。

（2）王某在作业时未仔细了解作业场所周围环境可能带来的危险，未做好事故防范工作。

案例二：某建筑施工现场进行土方开挖工作，其中 4 名施工人员正在坑底进行基底的土方平整，堆放在沟槽上方的堆土由于受到挖掘机运行时产生的振动滑落至沟槽，一块约 25 cm^3 的石块正好砸中一名施工人员的头部，该施工人员在向前倒下的过程中安全帽脱落（未系下颌带），致使其头部撞在水泥管上，造成头部出血，经抢救无效死亡，如图 3-2 所示。

图 3-2 未正确佩戴安全帽事故案例

事故原因及教训：

（1）施工单位在开挖沟槽过程中将挖土堆放过高、距离沟槽过近且堆土上方停放挖掘机，致使堆土受到挖掘机运行时产生的振动而滑落至沟槽，滑落的石块砸中死者头部。

（2）施工单位施工安全管理不到位，未能严格按照施工组织设计的安全施工要求进行施工，致使施工过程中的安全隐患未能及时消除而导致事故的发生。

案例三：某建筑施工现场正在进行钢结构焊接工作，焊接班组组长在技术交底时，强调班组成员一定要佩戴好安全帽。班组成员在到达作业现场时，发现焊接部位必须进行仰焊，无法佩戴安全帽，安全员张某在检查作业现场时发现有一处工字钢梁容易碰到头部，并提醒作业人员刘某注意。但焊工刘某焊接作业结束，在检查其他焊接部位时，由于空间狭窄，不慎将头部碰到了工字钢梁上，造成头部受伤。

事故原因及教训：

（1）施工班组安全管理和安全教育不到位。

（2）施工人员对安全确认不认真，发现安全隐患未及时采取可靠措施，安全提示不到位。

（3）焊接时因仰焊无法佩戴安全帽，但仰焊结束后没有及时佩戴好安全帽，自我保护意识差。因此，要求施工人员在作业现场必须佩戴好劳动防护用品，加强对员工的安全教育，加强对施工现场危险因素的排除。安全警示如图 3-3 所示。

图 3-3　安全警示示意

3.1.2　高处作业不系安全带

案例一：某工程施工现场正在进行脚手架搭设工作，架子工王某在没有系安全带的情况下，在 8 m 高处的脚手架上进行施工，由于当时风大，管理人员也没有及时提醒王某要系好安全带，导致王某施工过程中不小心坠落，造成重伤，后被立即送往医院进行救治，如图 3-4 所示。

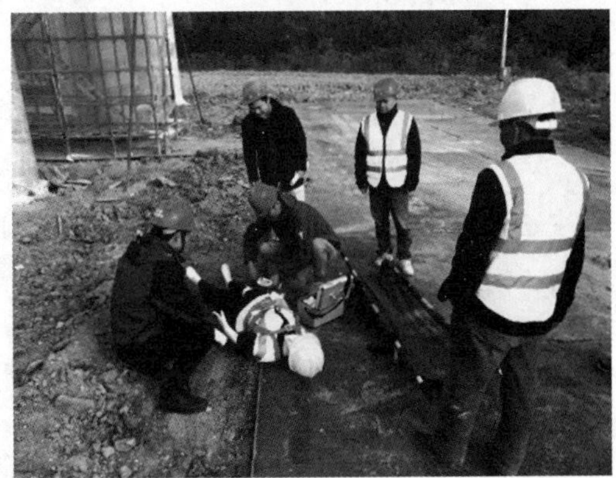

图 3-4　高处作业不系安全带事故案例 1

事故原因及教训：

（1）主要原因是架子工王某在高空作业时严重违章不系安全带。

（2）管理人员在工作现场，没有及时发现王某的违章行为，也未意识到工作中存在的安全隐患。

（3）管理人员开工前没有向工作组成员交代安全注意事项。

（4）暴露的问题：人员安全意识差，对工作危险性预想不充分；管理人员对安全工作认识不深刻，没有高度重视；管理人员安全素质低，不能及时发现并制止违章。

（5）安全建议：加强人员安全培训、教育工作，提高人员的安全意识；提高管理人员的管理水平，培养“安全第一”的管理作风；加大违章检查力度，严格执行安全生产的各项规章制度，杜绝违章现象的发生。

案例二：某工程施工现场正在进行外墙施工工作，管理人员张某正在 10 m 高处对外墙脚手架进行安全质量检查，这时突然刮来一阵强风，张某一不小心被强风从脚手架上刮下，致使头部撞在脚手架上，血流不止，后经抢救无效死亡，如图 3-5 所示。

图 3-5　高处作业不系安全带事故案例 2

事故原因及教训：

（1）张某身为管理人员，违反安全防护规定，在高处作业未按规定系好安全带，在外界突发强风作用下，身体得不到有效防护，是造成此次事故的主要原因。

（2）防护要求：安全带是高处作业人员的生命线，2 m 以上高处作业人员必须系好安全带、安全绳，戴好安全帽，穿好防滑鞋；作业现场安全防护设施必须经检查合格后方可作业。

3.1.3　施工作业未佩戴眼部防护用具

案例：某工程实验现场正在进行铁件抗压强度实验，操作人员刘某未佩戴安全防护眼镜，在铁件抗压实验过程中，压碎的铁屑飞溅，溅起的铁屑打到其左眼框上，造成眼球挫伤失明，如图 3-6 所示。

事故原因及教训：

（1）操作人员刘某在工作过程中未正确佩戴安全防护眼镜，是造成其眼睛受伤的主要原因。

（2）防护要求：应加强施工人员安全知识、安全规章制度的学习，提高自我防范意识；工作过程中要全程佩戴齐全劳动防护用品，操作时要精力高度集中；加强现场安全检查，对违章者要坚决制止，对严重或屡次违章者要严厉处罚。

图 3-6　施工作业未佩戴眼部防护用具事故案例

任务 3.2　高处作业事故案例

3.2.1　临边洞口作业事故案例

案例一：某商住楼工程建筑面积为 2 800 m^2，18 层框架结构，由某建筑公司施工总承包。2016 年 8 月 6 日上午，瓦工简某在 15 楼用小推车运送抹灰砂浆时，不慎从 15 层管道井竖向洞口处坠楼（图 3-7）。

图 3-7　临边洞口作业事故示意

图 3-7　临边洞口作业事故示意（续）

事故原因分析：

（1）楼层管道井竖向洞口无防护。

（2）楼层内在自然采光不足的情况下没有设置照明灯具。

（3）现场安全检查不到位，对事故隐患未能及时发现并整改。

案例二：2018 年 3 月 20 日下午，某建筑公司承建的商业大厦建筑工地工人孔某某与曹某某等 3 人，在附房三楼拆除模板与排架，至 15 时 16 分左右，孔某某在拆除三楼东侧临边排架时，不慎被钢管带动坠地，经抢救无效死亡，如图 3-8 所示。

图 3-8　攀登悬空作业事故示意

事故原因分析：

（1）事故原因是一人单独操作，在操作中又严重违章，不系安全带。

（2）现场安全防护不到位，二楼无安全网防护。

（3）现场管理松懈，安全管理人员安全意识不强，工作不到位。

（4）操作人员缺少防护知识，冒险蛮干。

（5）安全交底针对性不强，安全教育不够。

3.2.2 攀登悬空作业事故案例

案例：2018 年 9 月 7 日，某小区一在建民房工地施工忽视安全法规，引发血的教训，一民工因脚手架脚手板断裂，从三楼坠落地面，后经紧急救治的医生证实，该民工已当场死亡。

事故原因分析：

1．人的不安全行为

（1）悬空作业时未系或未正确使用安全带。

（2）作业者生理或心理上过度疲劳，使之注意力分散，反应迟缓，动作失误或思维判断失误增多，导致事故发生。

（3）走动时不慎踩空或脚底打滑，移动换位后未及时挂安全带挂钩。

（4）操作时弯腰、转身时不慎碰撞杆件等，使身体失去平衡。

（5）作业者本身患有高血压、心脏病、贫血、癫痫病等妨碍高处作业的疾病或生理缺陷。

（6）存侥幸心理。

2．物的不安全状态

（1）脚手板漏铺或有探头板或铺设不平稳。

（2）材料有缺陷。钢管与扣件不符合要求，脚手架钢管锈蚀严重仍然使用。

（3）脚手架架设不规范。如未绑扎防护栏杆或防护栏杆损坏。

3．方法不合适

（1）行走或移动不小心，走动时踩空、脚底打滑或被绊倒、跌倒。

（2）用力过猛，身体失去平衡。

（3）登高作业前，未检查脚踏物是否安全、可靠。

3.2.3 操作平台事故案例

案例：2019 年 4 月 26 日上午 10 时许，某项目三期工程 16 栋的从业人员在进行施工作业。当时，施工单位现场专职安全员刘某在进行安全检查，某房地产开发公司安全员李某巡视检查至该施工工地，木工张某在 18 栋中间单元的四楼阳台安装Ⓒ轴交⑱轴柱四楼的模板，他站在四楼阳台平面的竹架凳（高约为 1.5 m）上进行模板作业，位置距离四楼阳台外沿约为 1.2 m，阳台外沿至一楼地面垂直高度约为 10 m，阳台临边与脚手架之间有 80 cm 的空间，张某从竹凳上准备下来时身体失去了重心，导致他从脚手架与外墙临边空隙之间坠落至 1 楼的架空层顶面，安全帽在坠落的过程中掉在了 2 楼的阳台横梁上。坠落后约 10 min 救护车赶到，最后张某死亡，如图 3-9 所示。

图 3-9　操作平台事故示意

事故原因分析：

1．事故直接原因

（1）张某在进行高空作业时，未按照规定佩戴安全劳动防护用品，在安全帽佩戴不规范和没有使用安全带的情况下冒险作业。

（2）施工现场脚手架搭设不规范，高空作业区域洞口临边防护没有按照国家标准或者行业标准进行防护。

2．事故间接原因

（1）施工方安全生产规则执行不严，施工现场安全管理不到位，没有教育和督促从业人员严格执行本单位的各项安全生产规章制度和安全操作规程，聘用无资质的架子工作业，脚手架搭设不规范、部分无安全网，公司没有及时发现和消除事故隐患。

（2）监理部门未认真履行监理职责，在实施监理过程中，未及时督促消除安全隐患。

（3）公司经理及分管安全副经理未及时督促、检查本单位的安全生产工作，未依法履行主要负责人安全生产管理职责。

（4）没有督促、教育从业人员按照使用规则佩戴劳动防护用品，没有及时排除安全隐患。

3.2.4　大型机械坠落事故案例

案例一：2018 年 5 月 26 日 9 时，某项目 1 号楼施工升降机发生折断倾覆，造成 11 人死亡，2 人重伤，如图 3-10 所示。

图 3-10　施工升降机坠落事故示意

案例二：2019 年 4 月 24 日下午某市某小区建设项目，一在建工地发生塔式起重机倒塌事故，施工现场一辆泵车被砸，损失较大，如图 3-11 所示。

图 3-11　施工塔式起重机倒塌事故示意

事故原因分析：

1．安装与拆卸方面原因

（1）安装与拆卸队伍无资质，无证承揽拆装任务，是导致事故发生的重要原因。

（2）安装与拆卸无方案、无安全技术交底，凭经验施工，是导致事故发生的直接原因。

（3）拆装单位在拆装过程中不按塔吊使用说明书中关于拆装的先后顺序进行拆装，不按拆装方案和安全技术交底要求作业，图省事，凭想象施工。

（4）塔式起重机使用单位和拆装单位不按规定办理拆装申请和验收手续，失去了政府主管部门把关的机会。

2．使用方面原因

（1）操作和指挥人员无证上岗，不具备相应专业技能和知识。

（2）操作和指挥人员违章操作，违章指挥，如超载起吊、斜吊，在施工现场用塔式起重机吊住混凝土泵输送管打混凝土且随意回转等。

（3）操作人员对设备日常检查、保养不够，致使塔式起重机存在机械方面的安全隐患。

（4）对操作和指挥人员教育培训不够，忽视了对操作人员在操作技能和安全意识方面的持续培训与提高，忽视了对指挥人员的持续培训。

3．塔式起重机产品质量原因

（1）设计问题。如力矩限制器设计存在缺陷，灵敏度较差等。

（2）零配件问题。如力矩限制器元件质量问题、钢结构所用钢材材质问题等。

（3）制造问题。如焊缝的强度不够，存在气孔、夹渣甚至虚焊等缺陷；下料未按要求，钢材截面尺寸达不到国家标准。

（4）出厂合格证及使用说明书问题。如无出厂合格证，无批次说明，对原有设计的改动没有标明等。

塔式起重机倒塌预防措施：

1．坚持设备年限管理，选用名牌产品

（1）租赁塔式起重机应尽量使用5年以内的设备；租赁施工电梯、物料提升机、电动吊篮应尽量使用3年以内的设备。

（2）设备主要构配件无生产标牌、擅自用油漆涂抹标牌等情况的一律视为不合格设备。

2．分包选择及设备把关

（1）规模企业应制定本公司的优秀租赁分包商评选办法和考核制度，通过从企业规模、设备数量、注册资金、维保队伍人员等角度综合考核，确定本单位的优秀分包商队伍。

（2）设备进场前，机械管理人员要实地查验，选取合格的设备并拍照存档后准许进场，进场后再次验收确认，合格后方可进行安装，安装完成要进行安装验收。

任务3.3　施工机械作业事故案例

3.3.1　塔式起重机倒塌事故案例

案例一：违规加节致塔式起重机倒塌事故（图3-12）

2018年5月25日晚，由某建筑工程有限公司承建的某住宅小区2号楼发生塔式起重机坍塌事故，经事故调查组查证核实，建设单位、施工单位资质合法，开发及建设程序合法，塔式起重机初装单位具备资质，塔式起重机经有资质检测单位检测合格后使用。

事故原因分析：4名塔式起重机司机违反塔式起重机加节顶升作业操作规程，在加节顶升过程中停电，塔式起重机电源修好后，在继续顶升过程中，由于顶升过渡销轴在顶升期间未收回，受到上侧耳板阻挡，导致液压缸产生反作用力，使得下部其中一个耳板受力部分被撕掉，塔式起重机失去平衡后蹾车，导致大臂向西倾翻，致使3人高空坠下。

图3-12　塔式起重机倒塌事故现场

案例二：漏装标准节螺栓螺母致倒塌事故（图 3-13）

2016 年 10 月 20 日上午，张某和其他 3 名安装人员在某建筑安装服务有限公司李经理的带领下到达工地现场，安装某工程四期 8 号楼塔式起重机。该塔式起重机共有 10 节标准节、2 节基础节、1 节支撑节。为节省时间，该设备未按照已备案的塔式起重机安装方案实施。13 点 56 分左右，塔式起重机已安装完标准节、回转、塔帽和后臂，后臂位于东侧，在吊装第二块配重时，因第四、第五标准节西侧两个连接螺栓未安装螺母，导致塔身从第四和第五标准节处断裂向东倒塌，在后臂安装配重人员张某、马某及在驾驶室平台的宋某随塔式起重机坠落。其中 2 人经抢救无效死亡。

图 3-13　塔式起重机倒塌事故

事故原因分析：在塔式起重机安装过程中，塔式起重机安装人员漏装了第四、第五标准节西侧两个连接螺栓的螺母，在安装配重后塔身支撑强度达不到要求，导致第四、第五标准节之间的其他连接螺栓断裂，塔式起重机倒塌。

塔式起重机坍塌事故的发生主要源于现场施工安全管理和塔式起重机安拆过程中的问题。建筑施工企业存在着安全生产责任制不够落实、安全生产资金投入不够、施工现场安全生产防护防范不到位、施工人员自身素质差、从业人员安全生产意识淡薄、习惯性违章违规操作等问题，施工现场安全检查不彻底、存在盲区和盲点，施工现场安全生产管理得不到有效落实等因素等是导致事故发生的重大原因。

实际运行中导致事故发生的具体因素：①塔式起重机生产厂家质量及技术设计存在缺陷，导致事故发生；②塔式起重机基础制作时，混凝土强度、地基承载力、预埋件、平整度等达不到国家相关技术规范标准要求，易造成塔身倾斜、塔式起重机倾翻；③塔式起重机顶升、附着、安拆过程中发生安全事故；④塔式起重机使用过程中限位失灵，未及时排除造成安全事故；⑤施工现场多塔作业，相邻两塔之间的塔式起重机作业半径有重叠现象，导致碰撞造成事故；⑥坠物事故，在吊物过程中，由于绑扎方法不当、吊钩内钢丝绳滑脱或钢丝绳断裂等原因，吊物坠落，造成物体打击事故等。

3.3.2 施工升降机事故案例

案例：某日上午 8 时 40 分某建设集团一项目部发生一起建筑施工升降机吊笼坠落事故，事故造成 18 人死亡，1 人重伤。升降机铭牌上标注是载重 12 人。事故前该升降机上乘坐了 23 人，其中 5 人在 17 楼下了电梯，之后升降机在继续上升过程中坠落（图 3–14）。

事故原因分析：升降机超载导致坠落事故发生。

图 3–14　施工升降机事故

3.3.3 物料提升机事故案例

案例：事故发生于某市某综合楼工程，造成 4 人死亡，3 人重伤，1 人轻伤。该工程楼板为预应力空心预制板，采用物料提升机垂直运输（图 3–15），然后由人力将板抬运到安装位置。2018 年 9 月 5 日，该工程主体已进入到第五层且已安装完 3 层楼板，当准备安装第 4 层楼板时，由 8 人自提升机吊篮内抬板，此时吊篮突然从 5 层高度处坠落，造成 4 人死亡，3 人重伤，1 人轻伤的重大事故。

事故原因分析：

（1）《建筑施工安全检查标准》（JGJ 59—2011）中提升钢丝绳尾端锚固按规定不应少于 3 个卡子，而该提升机只设置 2 个，且其中 1 个丝扣已损坏拧不紧，当钢丝绳受力后自固定端抽出，造成吊篮坠落。

（2）该提升机采用了中间为立柱，两侧跨 2 个吊篮的不合理设计，导致停靠装置不好安装和操作不便，给安全使用造成隐患，吊篮钢丝绳滑脱时，因无停靠装置保护，造成吊篮坠落。

（3）该提升机架体高 30 m，仅设置一道缆风绳，且钢筋材料低于规范要求规格，使架体整体稳定性差，给吊篮运行使用造成晃动带来危险。

图 3-15　物料提升机

3.3.4　吊篮事故案例

案例一：某火车站东维修工区综合楼维修工程，一台 ZLD800 电动吊篮安装完毕后，正在进行试运行时，一根挑梁连同悬吊平台一起从 9 层坠落至一层裙楼楼顶的冷却塔上。事故造成 2 人死亡、1 人重伤，一个冷却塔报废，经济损失约 100 万元（图 3-16）。

事故原因分析：

（1）后支柱与后导向柱的连接销轴未安装；

（2）非法挂靠经营；

（3）安装完毕未经检查验收。

图 3-16　事故现场

案例二：某区 3 号楼工地，电动吊篮在上升过程中，悬挂机构的两根挑梁突然从连接处折断，连同悬吊平台一起从 7 ～ 8 层坠落在 3 层顶板上，1 死、2 重伤、1 轻伤，直接经济损失 60 多万元（图 3-17）。

事故原因分析：

（1）吊篮混装，悬吊平台和悬挂机构型号不匹配，且为两个生产厂家生产的；

（2）挑梁严重弯扭变形，且未安装前支架；

（3）挑梁下面垫三块方木，一旦有干扰力作用，即会失稳。

图 3-17　事故现场及诱发原因

任务 3.4　临时用电事故案例

3.4.1　电焊作业触电事故案例

案例一：2018 年 8 月，在某联合厂房、办公楼建设施工中，某设备安装工程公司负责水电安装和钢筋电渣压力焊接工程的施工。当天 18 时，安装公司工地负责人施某安排电焊工宋某、李某及辅助工张某加夜班焊接竖向钢筋。19 时 30 分左右，辅助工张某在焊接作业时，因焊钳漏电，被电击后从 2.7 m 的高空坠落到基坑内后不省人事。事故发生后，现场作业人员立刻进行救援。将张某从基坑内救出后，项目部立即派人将张某送到医院抢救，但是张某因伤势过重，经抢救无效死亡，如图 3-18 所示。

事故原因分析：

（1）造成事故的直接原因：一是张某是辅助工，没有经过电焊工专业技术培训，不具有电焊工资格，属于无证上岗；二是设备附件有缺陷，焊钳破损漏电，张某在进行焊接作业时，因焊钳漏电遭电击后坠地身亡。

（2）造成事故的间接原因：一是某设备安装工程公司对安全生产管理不严，电焊机未按规定配备二次侧空载保护器；二是施工现场安全防护措施未落实，作业区域未搭设操作平台，张某坐在排架钢管上进行电焊作业，遭电击后，因无防护措施而从

2.7 m 高处坠落到基坑，加重了伤害程度。

图 3-18　无证电焊工使用缺陷焊钳触电事故

防范措施：

（1）加强作业人员管理，作业人员必须按照规定经过专门的安全技术理论和实际操作培训、考核，考核合格并取得相应证书后方能上岗，严禁无证上岗，如图 3-19 所示。

图 3-19　作业人员培训

（2）加强机械设备管理，电焊机必须要按照规定配备二次侧空载保护器，并经常检查电焊机运行情况，检查焊钳完好情况，发现问题及时处理，防止安全事故发生。

（3）加强施工现场的安全生产各项防护措施，施工现场必须按照规定布置安全通道，作业区域要搭设操作平台，洞口及临边防护措施必须落实到位（图 3-20），加强施工现场临时用电管理，电气设备的配置、用电线路的设置要按规范要求落实，以确保临时施工用电安全。

图 3-20　施工现场洞口、临边防护

案例二：2018 年 7 月，某建筑公司与某有色金属公司签订承包工程协议，由该建筑公司承担某有色金属公司的浴池管道改造工程。8 月 2 日，建筑公司开始进行管道焊接作业。按照工作安排，焊工黄某接受任务，对浴池所敷设的管道进行焊接。黄某手持电焊机回路线，在将回路线往管道上搭接时触电，其倒地后将回路线压在身下。现场人员急忙切断电源，对黄某进行抢救，然后将其送往医院，但是经抢救无效死亡，如图 3-21 所示。

事故原因分析：

（1）造成事故的直接原因：一是黄某没有按照规定要求穿戴劳动保护用品，在进行电焊作业时穿塑料底布鞋；二是在环境潮湿、帆布手套已湿透的情况下，当右手拉电焊机回路线并将其往钢管上搭接时，裸露的线头触到戴手套的左手上，导致触电事故。

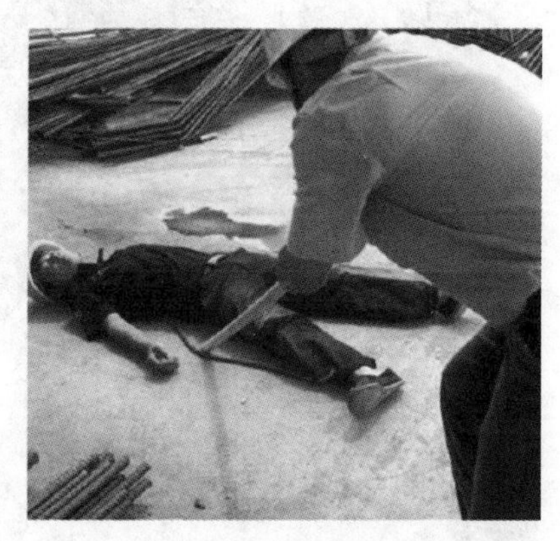

图 3-21　潮湿环境中穿布鞋触电事故

（2）造成事故的间接原因：一是对电焊机没有采取接地保护措施或配备漏电保护器，当发生触电事故后，不能及时断电；二是施工现场的安全监督管理存在漏洞，对违反安全操作规程的不安全行为，没有及时发现和制止。

防范措施：在这起事故中焊工黄某的安全意识淡薄，在焊接作业中忽视安全问题，自我保护意识差，是造成事故的重要原因。应采取的安全防范措施如下：

（1）加强对焊工的安全教育，提高安全意识，使他们充分认识安全的重要性，增强自我保护意识，自觉认真地执行安全制度和安全规程。拒绝违章指挥，严禁违章作业。

（2）焊工作业时必须穿戴劳动保护用品（如绝缘手套、绝缘鞋等），劳保用品破损后要及时更换，如图 3-22 所示。工作前，焊工要严格检查电焊机和焊钳是否完好，发现有故障和漏电时，要及时维修，确保作业安全。

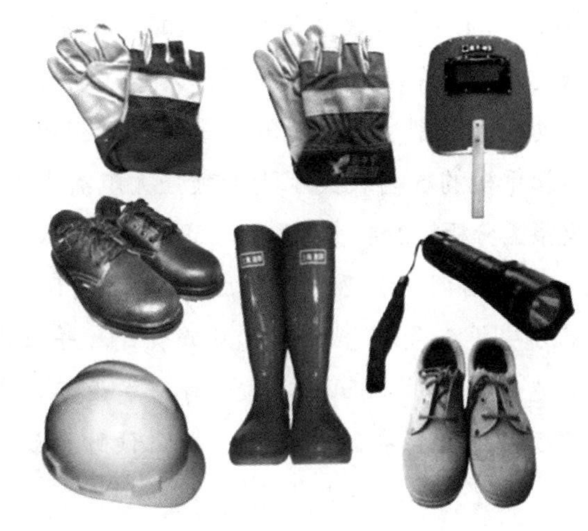

图 3-22　劳保用品

3.4.2　高压触电事故案例

案例一：某厂电工在变电所拆下计量柜上的电能表时，被相邻的10 kV高压母线排放电击中并被电弧烧伤，经抢救无效死亡。

事故原因分析：邻近高压开关柜（10 kV）带电操作时，安全距离不足0.7 m，严重违反安全工作规程，没有严格执行工作票制度和工作监护制度。

防范措施：加强施工现场管理，严格建立安全标志，如图3-23所示。电工人员在邻近高压开关柜（10 kV）带电操作时必须严格遵守安全工作规程，严格执行工作制度和工作监护制度。

图 3-23　常用安全标志

案例二：2018 年 11 月，某水库管理处 2 号料仓建设工地正在进行施工，施工者是由韩某带领的一支农民工队伍。当时，韩某临时雇来的 5 名农民工正用 1 台自制小起重机吊运混凝土和其他施工建筑材料。当这 5 名农民工把小起重机由料仓南侧墙向西侧墙推动时，自制小起重机的起重拔杆碰在料仓西侧墙上方带电的 10 kV 高压线上，导致推小起重机的 5 名农民工当即被强大电流击倒，2 人死亡，3 人受伤。

事故原因分析：2 号料仓西侧墙正是在 10 kV 高压线下方，高压线对地垂直距离不低于 6.5 m，事故后调查发现小起重机拔杆高出高压线近 1 m。建设单位违反规定，在 10 kV 高压线下方安排 2 号料仓这样的施工项目，并做出违反安全规定的项目设计，当使用单位对上述设计提出书面反对意见时，建设单位未予以采纳。在没有任何安全防护和没有对该项目建设存在的安全隐患提出预防事故措施的情况下，发包 2 号料仓施工并组织施工，导致施工单位冒险违章作业。

防范措施：一是禁止在高压线下进行施工作业，如图 3-24 所示，施工现场上空的高压线改成地下电缆铺设，消除重大事故隐患；二是整顿、撤离不合格的施工人员，进一步加强了施工队伍（包括农民工队伍）的安全教育和安全管理，健全安全规章制度。

图 3-24　高压线下禁止作业

任务 3.5　火灾事故案例

3.5.1　违规电焊作业火灾事故案例

案例一：某商厦特大火灾

2018 年 11 月 24 日晚，位于某城区的某商厦楼前五光十色，灯火通明。某商厦的一层和地下一层计划于26日试营业，正紧张忙碌地继续为店貌装修。商厦顶层开设的一个歌舞厅正举办歌舞会，就在大家沉浸于欢乐之时，楼下几簇小小的电焊火花从正在装修的地下室烧起，火势和浓烟顺着楼梯直逼顶层歌舞厅，酿成了特大灾难，夺走了309人的生命。

事故原因分析：

（1）着火的直接原因是雇用的4名焊工没有受过安全技术培训，在无特种作业人员操作证的情况下进行违章作业。

（2）没有采取任何防范措施，野蛮施工致使火红的焊渣溅落下引燃了地下二层家具商场的木制家具、沙发等易燃物品。

（3）在慌乱中用水龙头向下浇水救火不成功，几个人竟然未报警逃离现场，贻误了灭火和疏散的时机，致使309人中毒窒息死亡。

案例二：某市胶州路特大火灾

2018年11月15日14时15分，某市胶州路一幢28层的公寓楼正在进行节能改造工程，主要是给楼体外面安装保温材料。电焊工在电焊作业时，引燃脚手架及安全网，造成整个公寓楼起火，火灾导致58人死亡，70多人受伤。

事故原因分析：

（1）火灾的直接原因是施工方所雇用的4名电焊工没有受过安全技术培训，无特殊工种上岗证，严重违反操作规程，引发大火后逃离现场。

（2）该工程违法违规，层层多次分包，导致安全责任不落实。

（3）施工作业现场管理混乱，安全措施不落实，存在明显的抢工期、抢进度、突击施工的行为。

（4）事故现场违规使用大量尼龙网、聚氨酯泡沫等易燃材料，导致大火迅速蔓延。

（5）有关部门安全监管不力，致使多次分包、多家作业和无证电焊工上岗，对停产后复工的项目安全管理不到位。

案例三：某电厂机组凝汽器改造工程火灾

2019年5月14日下午，由某公司承接的某电厂1号机组凝汽器改造工程施工现场，在凝汽器一侧循环水管道对接施工中，作业人员在对循环水管道进行切割时，气割产生的铁水火花落在下方的脚手架板上，又飞溅到乙炔气管上，造成气管起火，发生火灾险情，现场监护人员和甲方联系人发现后立刻用灭火器及时扑灭，虽未造成人员伤害，但造成不良影响。

事故原因分析：

（1）气割作业下方虽然铺设石棉布并有专人监护，但乙炔管漏气未能及时发现，没有采取有效地防止火花飞溅的措施，是造成本次火灾险情的主要原因。

（2）气割作业人员在作业前没有对气割使用的气管进行认真检查，未察觉乙炔气管漏气，致使切割时产生的火花引燃漏气的乙炔气管，在工作中存在明显失误。

（3）现场施工管理人员安全管理不到位，安全检查监督不力，安全措施未得到真正落实，有明显疏漏。

以上安全事故都是由焊接、切割作业引起的火灾事故，事故原因都有共同点：违章违规作业，没有采取有效的安全措施，安全管理不到位，最终酿成大错或险些酿成大祸。因此，安全工作不是空喊口号，而要从身边做起，从点滴做起，再小的细节也不能放过。细节决定成败，安全高于一切，只有不厌其烦地重视每个安全生产细节，才能防止事故的发生，让悲剧不再重演。

3.5.2 使用违规材料火灾事故案例

案例：某酒店火灾事故案例

2018 年 8 月 25 日，某酒店发生火灾，起火部位于酒店温泉区二层平台墙壁悬挂的风机盘管机组处，原因为风机盘管机组电气线路短路，形成高温电弧引燃周围塑料绿植装饰材料并蔓延成灾。过火面积约为 400 m^2，共造成 20 人死亡，23 人受伤。

建筑和消防设施情况：

起火单位原有建筑 4 栋，建筑面积为 6 000 m^2，现建筑面积约为 18 000 m^2，其中违法建筑面积约为 12 000 m^2。该建筑主体为地上三层，钢筋混凝土结构，局部四层为钢架结构，分为住宿、洗浴、游泳、餐饮、娱乐等区域，设有客房 160 间。其中一层餐饮区阳光棚，二层温泉区、会议室、自助餐厅及四层客房区等均为违章建筑。

建筑内设有火灾自动报警、自动喷水灭火、室内消火栓等消防设施。火灾发生时，该单位消防水池挪作他用，消控室联动控制器未接入任何重大消防设备，消防广播系统、室内消火栓系统、自动喷水灭火系统处于瘫痪状态，常闭式防火门处于开启状态。

火灾特点：

（1）采用可燃装修材料，火势发展蔓延迅速。起火部位所在的温泉区采用塑料绿植、复合板材等大量易燃可燃材料装修，尤其是被称为“固体汽油”的塑料绿植装饰材料，导致火灾发生后火势蔓延迅速。同时，起火区域与宾馆客房区毗邻，且与客房区连通的防火门被灭火器箱阻挡处于开启状态，高温浓烟迅速通过敞开的防火门蔓延至酒店客房区。

（2）产生有毒有害气体，极易造成人员伤亡。该建筑屋顶为彩钢板，内有大量苯板保温材料，火灾迅速蔓延同时，产生大量有毒有害气体，致使酒店内大量旅客在短时间内中毒和窒息。

（3）建筑结构布局复杂，人员疏散逃生困难。该建筑经多次改造，局部错层布置，内部结构错综复杂，通道迂回曲折，尤其起火部位通过窗户、走廊等与客房相互连通，火势及烟气通过窗户、走廊迅速蔓延至客房区，不利于疏散逃生。

伤亡情况原因分析：

（1）单位使用大量易燃材料装饰。该建筑内大量使用的仿真绿植装饰物材料经鉴定成分为聚乙烯，燃烧后产生甲苯、乙苯、二甲苯、丙烯酸甲酯、二氯乙烷等有毒物质，对中枢神经系统有强烈的危害，短时间内会导致四肢无力、头晕恶心等情况。

（2）单位消防安全意识淡薄，常闭式防火门敞开。经调查，起火单位未组织员工开展消防培训和疏散演练。火灾发生前，使用灭火器箱挡住常闭式防火门，使其处于敞开状态。同时，消防控制室无人值守，单位员工在火灾发生后也没有第一时间组织人员疏散，没有第一时间报警。起火部位视频监控显示，起火时间发生在 8 月 25 日 4 时 12 分许，酒店员工发现火灾时间为 4 时 20 分，支队作战指挥中心接到报警时间为 4 时 29 分，距离起火时间已过 17 分钟，失去最佳救人控火时机。

（3）单位大量违法违章建筑，消防设施形同虚设。该单位违章建筑面积约为 12 000 m^2，占总建筑面积的 2/3。消防控制室控制器未连接任何重大消防设备，火灾报警、自动喷水灭火及消火栓系统等固定消防设施均处于瘫痪状态，没有起到任何作用。

（4）火灾发生时段特殊，人员自救能力弱。火灾发生在凌晨，人员难以快速反应、逃生自救。据统计，遇难者平均年龄为 71 岁，年龄最长者 85 岁，年龄最低者 59 岁，自救能力弱，酒店房间内配备逃生面罩，均未使用，加之现场温度高、烟雾浓、能见度较低，人员惊慌失措，疏散救人困难。

（5）消防站规划不合理，距离起火单位较远。风景区规划面积为 38 km^2，未建消防站，火灾发生时难以快速处置。辖区中队距离起火单位 13 km，进入景区内有 18 处弯道，中队到达现场时，距离起火时间已过 44 min，火势已达到猛烈燃烧阶段。

任务 3.6　施工坍塌事故案例

3.6.1　边坡支护未达标土方坍塌事故案例

案例：某小区工程挡土墙基槽开挖时，近 20 m 高的边坡在未按有关规定采取相应安全技术措施进行支护的情况下，受雨水浸泡后突然坍塌，4 名工人被掩埋入土方，当场死亡，如图 3-25 所示。

事故原因分析：

（1）技术方面。挡土墙基槽开挖土方边坡呈直壁状，没有按规定对高度达到 20 m 的边坡进行放坡，也未采取任何支护措施，再加上雨水浸泡使边坡失稳坍塌。

（2）管理方面。工程项目无证施工，未办理施工许可证，未办理安全报监，监理公司未按规定进行监理，使工程施工处于无监管状态。

对高边坡工程未进行论证、评估和编制单项施工组织设计，擅自开工建设。施工单位违章施工，安全管理混乱，无安全保证体系和相应的规章制度，未进行安全检查和安全教育，现场工人违章作业，盲目蛮干。监理单位未严格履行安全监理责任，监而不管，未实行现场旁站监督检查，无视重大事故隐患的存在，严重失职。

图 3-25　边坡支护未达标土方坍塌事故

事故预防对策：

对高边坡工程，特别是对高度近 20 m 的直壁边坡，应委托具有岩土工程专业资质的单位进行论证、评估和单项设计，编制专项施工组织设计，采取安全可靠的边坡支护措施和施工方法，严格按照施工组织设计的要求合理组织施工，确保施工安全。建设单位在工程项目开工前，应根据《中华人民共和国建筑法》的要求办理好施工许可证和安全受报手续，监理单位到位后，方可进行开工建设。施工单位应建立健全施工安全保证体系，完善现场组织管理机构，加强对工人的安全教育，作业前进行安全技术交底，并对作业环境进行安全检查，切实消除现场的不安全状态和不安全行为。监理单位应切实履行安全监理责任，严格审核单项施工组织设计，杜绝无证施工、未制订施工方案盲目开工现象的发生；落实旁站监理制度，对高危作业严格执行全过程的现场监督、跟踪检查，及时发现现场隐患，坚决制止违章作业行为。

3.6.2　基坑边坡坍塌事故案例

案例一：某空中花园基坑约 30 m 宽位置坡顶出现开裂并出现沉降，坡脚水泥土搅拌桩出现断裂。早晨下起大雨，半小时后该段出现塌滑，如图 3-26 所示。

事故原因分析：此次事故是由于基坑整体失稳造成的。基坑北侧东端滑塌地段出现超挖，开挖后放置了较长时间；坑内大量积水未及时抽排；坡脚土层受水浸泡，降低了土层强度，势必导致边坡蠕动变形；紧邻坑边下水管长期漏水，边坡蠕动变形积累到一定程度后，坡顶道路下的下水道出现开裂，大量水浸入边坡土体，导致边坡失稳。

图 3-26　事故现场

案例二：某市火炬大厦开挖深度为 10 m，上部为老黏土，下部为基岩，采用ϕ900 mm人工挖孔嵌岩排桩支护，开挖至设计标高后，老黏土局部浸水，强度降低，土压力剧增，由于桩嵌入岩层，变形不易协调，造成 10 余根支护桩折断，危及邻近六层综合楼，使该楼楼梯间悬空，情况危急。经紧急回填、增设锚杆后得以稳定。

事故原因分析：此次事故是由于围护结构倾覆失稳造成的，围护结构倾覆失稳主要发生在重力式结构或悬臂式围护结构，重力式结构在坑外主动土压力的作用下，围护结构绕其下部的某点转动，围护结构的顶部向坑内倾倒。抵抗倾覆失稳的力矩主要由围护结构自身的重力形成，坑底的被动抗力也是构成抵抗力矩的因素。

案例三：某大厦开挖深度约为 5 m，淤泥及淤泥质土的厚度近 20 m，工程桩采用1 000 m 钻孔灌注嵌岩桩，开挖支护方案采用格构式水泥土重力式挡墙，坑底被动区采用格构式水泥土暗撑。当时施工工期紧张，数十台粉喷桩机昼夜施工，水泥土挡墙及暗撑桩的咬合情况及成桩质量不佳，在龄期不足的情况下匆忙开挖，加上坑边堆载不当、局部开挖接桩、暴雨袭击等不利因素，导致大面积边坡失稳和坑底隆起，坑内工程桩大多偏斜，塔式起重机基础脱空、基础下桩开裂（图 3-27）。

事故原因分析：此次事故是由于围护结构底部地基承载力失稳造成的，围护结构底部地基承载力失稳是指重力式围护结构的底面压力过大，地基承载力不足引起的失稳。由于在围护结构的外侧还作用着土压力，因此其合力是倾斜的。在倾斜荷载作用下，地基土发生向坑内的挤出，围护结构产生不均匀的沉降，可能导致部分围护结构开裂损坏。

图 3-27　事故现场

案例四：某项目一幢26层高层建筑，基础埋深约为10.8 m，基坑支护地面以下约6 m，喷锚支护，6 m 以下为人工挖孔桩锚杆支护。2018 年某日，基坑西侧产生滑坍，支护桩严重内倾，部分护坡桩断裂；西侧坡顶地面沉降，坡面外鼓；南侧、东侧坡顶地面开裂（含人行道产生裂缝），险情严重（图 3-28）。

事故原因分析：此次事故是由于围护结构滑移失稳造成的，围护结构滑移失稳主要发生在重力式结构中，在坑外主动土压力的作用下，围护结构向坑内平移。抵抗滑移的阻力主要由围护体底面的摩擦阻力及内侧的被动土压力构成。当坑底土软弱或围护结构底部的地基土软化时，墙体发生滑移失稳。此次事故的原因主要是红黏土层遇水后强度迅速降低，导致浅层滑坡。

图 3-28　事故现场

案例五：某市广场 B 区施工工地发生基坑坍塌，基坑南边支护结构坍塌，东南角斜撑脱落。基坑支护坍塌范围约为 104.55 延米，面积约为 2 007 m^2，南侧宾馆的基础桩折断滑落，结构部分倒塌，同时造成 3 人死亡、8 人受伤（图 3-29）。

事故原因分析：此次事故是由于“踢脚”失稳造成的。“踢脚”失稳是指在单支撑的基坑中，发生饶支撑点转动，围护结构上部向坑外倾倒，围护结构的下部向上翻的失稳模式，故形象地称为“踢脚”失稳。在多支撑的围护结构中一般不会产生踢脚失稳，除非其他支撑都已失效，只剩下一道支撑起作用。由于施工与设计不符，基坑施工时间过长，基坑支护受损失效，构成重大事故隐患。南侧岩层向基坑内倾斜，软弱强风化夹层中有渗水流泥现象，施工时未及时调整设计和施工方案，错过排除险情时机。基坑坡顶严重超载，致使基坑南边支护平衡被打破，坡顶出现开裂。基坑变形量明显增大及裂缝增长时未能及时做加固处理。

图 3-29　事故现场

案例六：某市地铁施工现场发生塌陷事故。大道坍塌形成了一个长为 75 m、宽为 21 m、深为 15.5 m 的深坑，附近的河流决堤，河水倒灌，一度水深达 6 m 多。正在路面行驶的 11 辆车陷入深坑，数十名地铁施工人员被埋，遇难工人达到 21 名，同时造成了大道中断，距事故现场仅一墙之隔的某小学校园东边的围墙全部垮塌，附近民房倾斜破坏，地面下管线破坏等一系列连锁破坏效应（图 3-30）。

事故原因分析：此次事故是由于围护结构的结构性破坏造成的，围护结构的结构性破坏是指围护体本身发生开裂、折断、剪断或压屈，致使结构失去了承载能力的破坏模式。造成事故的具体因素有很多，如支撑体系不当或围护结构不闭合；设计计算时荷载估计不足或结构材料强度估计过高，支撑或围檩截面不足导致破坏；结构结点处理不当，局部失稳而引起整体破坏，特别是在钢支撑体系中，结点较多，加工与安装质量不易控制。

图 3-30　事故现场

小　结

通过本项目的学习，学习者应达到以下要求：

1．掌握施工现场未佩戴安全帽伤害、高处作业不系安全带坠落、施工作业未佩戴眼部防护用具伤害等事故带来的危害及教训。

2．掌握临边洞口作业坠落、攀登悬空作业坠落、操作平台坠落、大型机械坠落等事故带来的危害及教训。

3．掌握塔式起重机倒塌、施工升降机坠落、物料提升机坠落、吊篮坠落等事故带来的危害及教训。

4．掌握电焊作业触电、高压触电等事故带来的危害及教训。

5．掌握违规电焊作业火灾、使用违规材料火灾等事故带来的危害及教训。

6．掌握边坡支护未达标土方坍塌、基坑边坡坍塌等事故带来的危害及教训。

练　习

1．简述施工现场未佩戴安全帽和高处作业不系安全带带来的危害。

2．简述临边洞口作业坠落和攀登悬空作业坠落事故带来的危害。

3．简述大型机械坠落事故带来的危害。

4. 简述塔式起重机倒塌和施工升降机坠落事故带来的危害。

5. 简述电焊作业触电和高压触电事故带来的危害。

6. 简述违规电焊作业火灾事故带来的危害。

7. 简述使用违规材料火灾事故带来的危害。

8. 简述基坑边坡坍塌事故带来的危害。

参考文献

[1] 中华人民共和国住房和城乡建设部 .JGJ 355—2015 钢筋套筒灌浆连接应用技术规程［S］. 北京：中国建筑工业出版社，2015.

[2] 中华人民共和国住房和城乡建设部 .JG/T 163—2013 钢筋机械连接用套筒［S］. 北京：中国标准出版社，2013.

[3] 中华人民共和国住房和城乡建设部 .JG/T 408—2019 钢筋连接用套筒灌浆料［S］. 北京：中国标准出版社，2020.

[4] 济南市城乡建设委员会建筑产业化领导小组办公室 . 装配整体式混凝土结构工程施工［M］.2 版 . 北京：中国建筑工业出版社，2018.

[5] 济南市城乡建设委员会建筑产业化领导小组办公室 . 装配整体式混凝土结构工程工人操作实务［M］. 北京：中国建筑工业出版社，2016.

[6] 中华人民共和国住房和城乡建设部 .JGJ 59—2011 建筑施工安全检查标准［S］. 北京：中国建筑工业出版社，2012.

[7] 中华人民共和国住房和城乡建设部 .JGJ 202—2010 建筑施工工具式脚手架安全技术规范［S］. 北京：中国建筑工业出版社，2010.

[8] 张波 . 建筑产业现代化概论［M］. 北京：北京理工大学出版社，2016.

[9] 肖明和，张洁 . 装配式建筑混凝土构件生产［M］. 北京：中国建筑工业出版社，2018.

[10] 肖明和，张蓓 . 装配式建筑施工技术［M］. 北京：中国建筑工业出版社，2018.

[11] 中华人民共和国住房和城乡建设部 .GB/T 51231—2016 装配式混凝土建筑技术标准［S］. 北京：中国建筑工业出版社，2017.

[12] 北京城市副中心行政办公区工程建设指挥部 . 建筑施工从业人员体验式安全教育培训教材［M］. 北京：中国建筑工业出版社，2017.